친환경 수처리와
신재생 에너지를 위한

이온교환막의
전기화학 공정

친환경 수처리와
신재생 에너지를 위한

이온
교환막의
전기화학
공정

문승현 저

Electrochemical
Processes of Ion Exchange
Membranes

GIST PRESS
광주과학기술원

서문

이온교환막은 해수를 담수화하거나 해수에서 식염을 생산하는 전기투석에서 이용되기 시작하여, 우주선에 필요한 전기를 생산하는 연료전지의 핵심 소재로 응용이 확장되었다. 오늘날에는 많은 수처리 공정과 에너지 공정에 이온교환막의 수요가 증가하고 있다. 다양한 응용에 따라 그 명칭도 전해질막, 이온전도성막 등으로 불리기도 한다. 이러한 변화에 따라 이온교환막의 연구와 교육의 필요성도 커지고 있다. 이온교환막을 제조하고 활용하기 위해서는 고분자화학, 전기화학, 이동현상 등의 기초학문 분야와 수처리나 에너지 공정의 원리에 대한 이해가 있어야 한다.

이 책은 이온교환막을 제조하거나 이온교환막을 이용하여 전기화학 공정을 개발하는 연구자에게 필요한 전기화학, 고분자화학, 공정 기술의 기초지식을 제공하는 것을 목적으로 준비되었다. 특히 일반화학 수준의 기초지식을 가진 연구자들이 이온교환막을 이용한 수처리 공정이나 에너지전환 공정 분야의 연구나 기술개발 활동을 시작할 때 필요한 용어나 원리의 이해를 돕기 위해 준비되었다. 이 책은 총 8장이지만 크게 네 부분으로 구성되었다. 1, 2장에서는 이온교환막과 관련된 전기화학 기초와 이온교환막에서 일어나는 이동현상의 이론적 배경을 설명하였다. 3, 4장에서는 이온교환막의 종류와 제조 과정에 필요한 고분자화학과 용도별로 달라지는 이온교환막의 성질을 정리하였다. 5, 6장에서는 전기투석과 이온교환막을 이용하는 수처리 공정들을 설명하였다. 7, 8장에서는 연료전지와 이온교환막이 이용되는 다른 에너지전환 공정을 정리하였다.

지난 50여 년 동안 이온교환막은 전기투석과 연료전지를 중심으로 개발되고 생산되었으나 최근에는 그 응용 분야가 더욱 확대되고 있어서 새로운 이온교환막의 개발이 요구되고 있다. 또는 이온교환막을 새로운 하이브리드 공정에 적용하는 수처리 공정이나 에너지 공정도 발표되고 있다. 이 책에는 아직 실용화되지 않은 기술들도 연구개발을 위하여 소개하였다. 특히 실험실적인 연구 장치나 연구 방법 등도 소개하였는데, 이 분야의 연구에 진입하는 학생들이나 이온교환막 공정을 도입하거나 운전하는 기술자들의 이해를 돕기 위해 되도록 쉽게 작성하고자 했다.

책의 내용 중에는 이 분야에서 저자가 연구하고 경험한 그간의 결과들이 포함되어 있다. 실험실 규모에서만 확인된 기술들도 있다. 이러한 기술들은 더 개발되고 대규모 실증이 필요할 수도 있지만, 새로운 기술의 확산을 위하여 포함시켰다.

지금은 환경과 에너지 문제가 과학기술적으로, 사회적으로, 경제적으로 중요한 이슈가 되고 있다. 온실가스 저감과 탄소중립사회를 위해 과학기술적 방법들이 시급한 상황이다. 이온교환막이 환경과 에너지 문제를 해결하는 하나의 수단으로 활용되기를 바라는 마음으로 이 책을 썼다. 또한 이 결과들은 저자와 함께 연구한 여러 공동 연구자들과 대학원 학생들의 노력이 축적되어 있기도 하다. 마지막까지 문헌을 정리해준 김재훈 박사에게 감사한다.

이 책을 쓰는 동안 코로나바이러스로 답답한 시간을 여가 없이 보낸 아내와 결실을 나누고 싶다. 부족한 부분이나 잘못된 부분은 열린 마음으로 조언을 받고자 한다.

2021년 10월
문승현(shmoon@gist.ac.kr)

contents

이온교환막의
전기화학

01
이온교환막의
전기화학

1.1 멤브레인과 이온교환막

멤브레인은 용매에 포함된 기체, 액체, 고체 혼합물에서 특정한 성분에 대한 선택적인 투과 또는 분리 능력을 가진 다공성 또는 비다공성 얇은 층을 말하며 막膜으로 표현하기도 한다. 필터는 선택적인 투과 기능을 가진 얇은 판이나 천을 의미하여 멤브레인과 혼용되기도 하지만 필터는 가시적인 기공을 가진 매체가 입자성 물질을 여과하는 기능으로 한정하기도 한다. 멤브레인의 선택성은 입자의 크기나 전기화학적 상호작용에 의해 결정된다. 정밀여과, 한외여과, 나노여과는 주로 입자의 크기와 막의 기공의 크기에 의해 선택성이 결정된다. 한편 역삼투막, 이온교환막ion exchange membrane 등은 막 표면 물질과 투과 성분 간의 친화성이나 평형관계에 의해 흡수되고 확산이나 전기장에 의해 이동한다. 특히 이온교환막은 이온과 멤브레인의 전기화학 포텐셜에 의해 선택적인 투과가 이루어진다. 막의 재료로는 고분자, 금속, 세라믹 등 모든 다공성 물질이 사용 가능하지만 여기에서는 주로 고분자 재료를 다룰 것이다.

Table 1.1 General classification of membrane processes

Process	Nature of species retained(size)	Driving force	Type of membrane
Microfiltration	0.01~10 μm particles	Pressure difference	Porous
Ultrafiltration	1~10 nm macromolecules	Pressure difference	Microporous
Nanofiltration	0.5~5 nm(molecules)	Pressure difference	Nanoporous
Reverse osmosis	<0.5 nm(molecules)	Pressure difference	Nonporous
Dialysis	<1 nm(molecules)	Concentration difference	Nonporous or microporous
Electrodialysis	<1 nm(molecules)	Electrical potential difference	Nonporous or microporous
Pervaporation	<1 nm(molecules)	Concentration (partial pressure) difference	Nonporous
Gas permeation	<1 nm(molecules)	Partial pressure difference	Nonporous

　물에 녹아 있는 화학 성분 중 전기적 성질을 갖는 것들을 전해질이라고 하며 전기적으로는 중성에서 전자를 잃은 양(+)이온 또는 전자를 얻은 음 (−)이온으로 표시한다. 이온은 1834년 Faraday에 의해 한 전극에서 다른 전극으로 이동하는 분자로 정의되었다. 이온은 '가going'라는 의미의 그리스어가 어원으로 알려져 있다. 수용액에서 이온의 이동이 전기의 흐름(전류)에 의해 이동하면서 전기회로를 구성한다. 따라서 전기에너지를 이용하면 물속의 전해질을 농축하거나 반대로 제거할 수 있다. 이 공정에서 이온이 선택적으로 투과하는 막이 필요하게 된다. 투석dialysis이나 전기투석electrodialysis에 이용되는 이온교환막의 어원은 이온교환수지와 같은 재료를 이용하고 이온이 전달되는 기작이 이온교환기능기에서 일어나는 이온교환현상이기 때문이다. 이온교환막이 전기화학 시스템에 도입되면서 전기화학적인 용어인 전해질막으로도 불리기 시작했다. 따라서 전기투석, 확산투석 등의 수처리 공정에서는 이온교환막으로 불리는 반면 연료전지 같은 전기화학 공정에서는 전해질막 또는 산이나 알칼리용

액 같은 액체 전해질과 대비하여 고체 전해질막으로 부른다. 부분적으로 전기적인 성질을 띠고 있어서 전하를 띤 멤브레인charged membrane 또는 전기 멤브레인electro-membrane으로 쓰이기도 한다.

전기장하에서 이온교환막을 이용하는 대표적인 공정은 전기투석이라고 부른다. 1930년대 시작된 이온선택성 막의 연구는 Oswald에 의한 반투과성 막의 개념으로 비롯되었다. 이는 Donnan이 수학적 모델로 제안한 Donnan exclusion potential을 설명한 것으로 이온교환막에 대한 현상을 실험적으로 확인하기 시작하였다. 분리 공정으로 전기투석이 처음으로 이용된 것은 Morse와 Pierce에 의하여 전기장하에서 전극과 투석막에 의해 용액을 분리한 1903년으로 거슬러 올라간다. 이후 Myer와 Stras는 기존의 기초적인 전기투석 공정을 발달시켜 양이온교환막이나 음이온교환막을 차례로 배열하여 희석실과 농축실로 구성한 현대적인 의미의 전기투석 공정의 가능성을 제시하였다. 이온교환막과 전기투석이 공업적으로 활용되기 시작한 것은 Rohm and Haas Co.에서 이온교환수지를 이용하여 전기저항이 낮은 고분자 이온교환막을 개발한 1940년대 말이었다. 1950년대부터는 해수의 담수화를 위한 전기투석 공정이 본격적으로 가동되었다[1]. 20세기 후반에는 화학, 생물, 전자, 재료 공업 등 다양한 분야에서 이온성 물질을 포함한 산업폐수가 배출되면서 이온교환막의 활용이 지속적으로 확대되고 있다. 수처리 또는 이온분리 공정으로 6장에서 다루어질 물분해 전기투석water-splitting electrodialysis, 전기탈이온 electrodeionization 공정 등이 있다. 미국 DuPont사의 불소계 고분자소재 Nafion® 막의 개발 이후 연료전지에 안정적으로 이용되고 있으며, 역전기투석, 산화환원흐름전지, 해수전지, 산염기 흐름전지 같은 에너지전환 공정에도 다양하게 적용되고 있다. 에너지 공정과 관련된 내용은 7장과 8장에서 다룬다.

기능기와 이온교환

고분자나 고체 물질 중 수용액상태에서 전하를 띤 기능기를 포함한 분자가 있을 때 이 기능기functional group와 전기적 중성을 이룰 수 있는 상대이온이 결합하게 된다. 이때 상대이온은 농도나 pH와 같은 수용액의 환경에 따라 다른 이온으로 대체될 수 있다. 이 현상을 이온교환이라고 한다. 최초의 이온교환현상은 토양의 금속 이온교환현상에서 관찰되었지만 지금은 고분자에 이온교환능력을 갖는 기능기가 부착된 이온교환수지가 많이 이용된다. 예를 들어 $R(-)H^+$와 같은 수지에 $NaCl$ 용액을 흘려보낸다면 H^+ 이온과 Na^+ 이온이 교환되어 수지는 $R-Na$가 되고 수용액은 HCl이 된다. 이온교환 기능기와 상대이온은 같은 당량으로 결합하며 화학적 포텐셜에 의해 교환 가능성이 결정된다. 수용액이 복합적인 구성으로 되어 있을 때는 기능기에 흡착된 이온과 수용액 중의 이온은 평형관계를 이루므로 흡착량은 수지의 이온교환용량과 수용액 중 이온의 농도, pH, 온도 등의 영향을 받는다. 또한 상대이온에 대한 기능기의 친화도에 따라 상대이온이 다른 상대이온으로 치환되기도 한다. 양이온을 교환할 수 있는 $-R(-)-H$ 수지를 양이온교환수지라고 하고 반대로 음이온을 교환할 수 있는 $-R(+)-OH$ 수지를 음이온교환수지라고 한다. 일반적으로 이온교환수지는 polystyrene 같은 고분자구조에 $R(-)$나 $R(+)$ 같은 기능기를 부착시킨 친수성이다. 기능기의 농도가 높으면 이온교환 용량이 높아지는 반면 친수도가 높아져 수지의 기계적 강도가 낮아지게 된다. 따라서 적절한 이온교환 용량을 갖고 고분자 골격을 divinylbenzene^{DVB}와 같은 가교제로 가교결합을 함으로써 고분자의 용해를 방지하고 강도를 유지하게 된다.

이온교환막은 기본적으로는 이온교환수지와 같은 물질로 제조되어 양이온교환막cation exchange membrane과 음이온교환막anion exchange membrane으로 구분된다. 양이온교환막은 양이온cation을 선택적으로 투과시키며, 음이온교환막은 음이온anion을 선택적으로 투과시키게 된다. 일반적으로 양이온교환막은 $-SO_3^-$, COO^-, PO_3^{2-}, $-PO_3H^-$, $-C_6H_4O^-$ 등 음전하 기능기negatively charged functional group를 지니고 있다. 음이온교환막은 $-NH_3^+$, $-NRH_2^+$, $-NR_2H^+$, $-NR_3^+$, $-PR_3^+$, $-SR_2^+$ 등의 양전하 기능기positively charged functional group를 지니고 있다. 이온교환막은 높은 투과선택성, 낮은 전기저항, 우수한 기계적 강도, 높은 화학적 안정성 등이 요구된다[2-7]. Fig. 1.1은 고분자 골격에 음이온 기능기가 도입된 양이온교환막의 분자 구조를 보여준다. 음이온은 양이온교환막 표면에서 배제되고 양이온은 이온교환에 의해서 흡수된 후 확산이나 전기장에 의해 이온교환막의 반대쪽으로 이동한다.

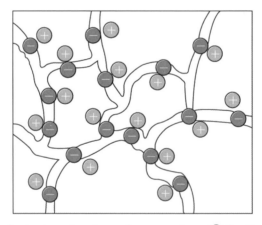

Fig. 1.1 Molecular structure of a cation exchange membrane(●: Fixed ionic group on a polymer backbone, ●: Cation)

이러한 이온교환막의 성능을 확보하고 효율적인 이용을 위해서는 고분자 화학, 이온의 이동현상, 전기화학 등의 분야에서 이론적인 고찰이 동시에 이루어져야 한다. 이온교환막을 제조하고 응용하기 위해서 고분자화학, 이동현상, 전기화학 분야에서 필요한 주요 내용은 다음과 같다.

고분자화학

- 기계적 강도를 위한 고분자 선정
- 화학적으로 안정한 이온교환기와 이온교환 용량
- 고분자 합성기술(분자량, 말단기, 가교도)

이동현상과 멤브레인 구조

- 지지체와 멤브레인 구조
- 계면저항과 안정성
- 이온이동 기작과 속도론

전기화학

- 에너지 열역학
- 이온평형과 이온의 이동
- 전극반응과 전자의 이동

1.2 멤브레인 전기화학

전기화학은 전기적 현상과 전자를 주고받는 화학반응 사이의 관계를 다루는 학문 분야이다. 즉 전극과 전해질 그리고 반응에 의한 이온 및 전자의 이동을 수반하는 현상을 다룬다. 전해질용액의 성질과 전극에서 전자가 발생하는 현상에 대한 연구는 부식corrosion에 대한 이해에서 시작되었다. 금속의 산화현상을 전기화학적으로 접근한 것이다. 실험실에서 다루는 분석장비예를 들어 pH meter, conductivity meter, chromatography의 검출기 등도 전기화학적인 측정법에 기초를 두고 있어, 화학적 성질을 전기적 신호로 바꾸어 화학반응이나 성분을 편리하게 분석하는 것이다.

이온교환막은 전위차를 구동력으로 하여 이온성 물질들을 분리하거나 막전위membrane potential를 이용하여 전기를 발생시키기 때문에 전극반응을 수반하고 있다. 따라서 이온교환막 공정의 이해는 이온의 이동현상과 함께 전기화학에 대한 이해가 필요하다. 여기에서는 전해질electrolyte과 이온교환막에서 일어나는 주요 전기화학현상을 살펴보기로 한다.

1.2.1 Faraday 법칙

전해질이 채워진 Galvanic 셀에 전류를 공급해주면 전극과 전해질 사이에서는 화학반응산화환원반응이 일어난다. 산화환원반응이 일어나는 과정에서 Michael Faraday[1833]는 다음과 같은 법칙이 성립한다는 사실을 발견하였다.

(1) 동일한 전해질하에서, 전극과 전해질 경계에서 전류에 의해 전해되는 화학변화의 양은 전극을 통해 흐르는 전기량, 즉 전류와 시간의 곱에 비례한다.
(2) 서로 상이한 전해질이 동일한 전기량으로 일어나는 화학변화의 양은 동일한 화학 당량수로 비례한다.

이 법칙을 Faraday 법칙이라고 하며, 전해반응에 의한 효과를 정량적 화학법칙으로 표시한 것이다. 전해반응에서 반응물질의 당량은 전자를 얻거나 잃는 데 관련된 그램화학식량으로, Faraday는 어떤 물질 1 당량equivalent을 전기분해하는 데 96,485 쿨롬C의 전하량이 소모된다는 사실을 실험적으로 발견하였으며, 이를 1 Faraday라고 정의한 것이다. Faraday 상수는 전하량과 화학반응 결과 생성 또는 소모된 양과의 관계를 나타내는 상수이다. 예를 들어 $AgNO_3$ 용액에서 1 당량에 해당하는 Ag(107.88 g/eq)를 석출하기 위해서는 96,485 쿨롬의 전하량이 필요하다. Faraday 법칙 은 Eq. 1.1과 같이 연속적인 이온의 흐름에서 전하량과 물질의 이동관계를 나타내는 비례상수다.

$$i = - zFj \qquad \text{(Eq. 1.1)}$$

여기서 z는 이온의 전하, i는 전류밀도(A/cm^2), j는 이온이 이동하는 플럭스($mole/sec\ cm^2$)를 나타낸다. 따라서 이 관계식으로부터 측정된 전류밀도에서 이온의 이동속도를 계산한다.

1.2.2 이온의 전도도와 이동수(Transport number)

모든 수용액에서 용액은 전기적인 중성을 유지한다. 즉 수용액에서 모든 양이온의 당량합은 음이온의 당량합과 같다. 이온을 포함한 수용액에 전극을 통해 전류가 흐르면 이온이 이동하게 된다. 이때 양이온은 음극 cathode(−)으로 음이온은 양극anode(+)으로 이동하게 된다. 이 이동 중에도 전기이중층EDL이 있는 전극 표면을 제외한 용액은 전기적인 중성을 유지하게 된다. 전기이중층은 멤브레인, 전극, 캐패시터와 같은 고체전도체의 표면에서 수 nm 이하의 층에서 전하밀도의 분포에 의해 형성된다.

전해질의 전도도conductivity는 전류를 흐르게 하는 용액의 능력을 나타내는 것으로 전해질의 종류와 농도 그리고 온도 등에 따라 다르다. 전해질용액에 전기장을 가해주었을 때 이온들이 받는 힘electrical force은 Eq. 1.2와 같이 표현된다.

$$F = z_i e E \qquad \text{(Eq. 1.2)}$$

여기서 F는 이온에 미치는 전기적인 힘, z_i이온의 원자가valence, e 는 단위 전하의 전하량(1.602×10^{-19} C), E는 전기장electric field의 세기(V/m)를 나타낸다. Eq. 1.2를 통해서 전기장하에서 이온이 받는 힘은 이온의 원자가와 전기장의 세기에 비례한다는 사실을 알 수 있다. 전기장의 세기가 일정하게 유지될 경우 이온들은 전해질 내에서 이동을 하게 된다. 이때 이온 주변의 물분자에 의해 항력drag force을 받게 되어 결국 일정한 속도로 이동을 하게 된다. 전기장의 세기가 1 V/cm인 조건에서 이온의 이동속도(u)를 그 이온의 이동도mobility라고 정의하며 각 이온에 따라 고유한 값(Eq. 1.3)을 가지고 있다.

$$u_i = \frac{V_i}{E} \qquad \text{(Eq. 1.3)}$$

용액 내에서 이온의 이동속도를 직접 측정하는 것은 실험상 어려움이 있기 때문에 전기전도도를 통해 간접적인 방법으로 이온의 이동도를 구할 수 있다. 전기전도도는 전기저항 측정기wheatstone bridge circuit에 연결된 전기전도도 측정 셀conductivity cell을 이용해 얻어진다. 전해질용액으로 채워진 전도도 측정 용기는 Ohm의 법칙(Eq. 1.4)을 따르게 된다. 즉,

$$V = IR \qquad \text{(Eq. 1.4)}$$

여기서 V는 전압volt, I는 전류ampere, R은 측정용기의 저항ohm이다. 저항은 전도체의 기하학적 형태에 따라 달라지고 Eq. 1.5와 같은 관계식을 갖는다.

$$R = \rho\left(\frac{l}{A}\right) \qquad \text{(Eq. 1.5)}$$

여기서 l은 전도체의 길이, A는 전도체의 단면적이고 ρ(ohm–cm)는 전도체의 비저항specific resistance을 나타낸다. 일반적으로 용액의 비저항보다는 비저항의 역수인 비전도율specific conductance을 많이 사용한다. 비전도율(κ)의 단위는 mho/cm 또는 S/cm이다. 전해질의 전기전도도는 농도에 비례하여 증가한다. 따라서 농도에 관계없이 전해질의 특성을 나타낼 수 있는 새로운 물성인 당량전도도equivalent conductance가 Eq. 1.6과 같이 도입되었다.

$$\Lambda = \frac{\kappa}{N} \qquad \text{(Eq. 1.6)}$$

여기서 Λ은 전해질의 당량전도도, N은 전해질의 노르말 농도, κ는 전해질의 비전도율을 나타낸다. 저농도 범위에서 비전도율은 용액의 농도에 정비례하므로 당량전도도는 용액의 농도가 변하더라도 일정한 값을 갖게 된다. 그러나 고농도 조건에서는 해리된 이온의 활동도activity가 떨어지게 되어 비전도율이 감소하게 되고 결국 당량전도도도 감소하게 된다. Table 1.2는 대표적인 이온의 당량전도도를 보여주고 있다.

Table 1.2 Equivalent ionic conductivity(mho-cm^2/eq) in a dilute solution at 25°C[8]

Cation	Equivalent conductivity	Anion	Equivalent conductivity
H^+	349.8	OH^-	198.3
Na^+	50.1	HCO_3^-	44.5
K^+	73.5	Cl^-	76.4
NH_4^+	73.7	NO_3^-	71.5
Ca^{2+}	59.5	CH_3COO^-	40.9
Mg^{2+}	53.1	SO_4^{2-}	80.0

전해질의 특성을 저항이 아닌 전도도로 표시하는 다른 이유는 이온 이동의 독립성에 있다. 용액 내에서 전류는 양이온과 음이온에 의해 개별적으로 이동하기 때문에 전해질의 당량전도도는 양이온의 당량이온전도도(λ^+)와 음이온의 당량이온전도도(λ^-)의 합이 된다. 이것은 각 이온이 독립적으로 이동하면서 전류의 흐름에 기여하기 때문이다.

$$\Lambda = \lambda^+ + \lambda^-$$ (Eq. 1.7)

Faraday 상수를 이용해 이온의 이동도와 당량이온전도도 사이에는 Eq. 1.8과 같은 관계식이 성립한다.

$$\lambda_i = u_i F$$ (Eq. 1.8)

따라서 식(1-8)과 식(1-3)을 이용하여 이온의 당량전도도로부터 이온의 이동도와 이동속도를 간접적으로 구할 수가 있다.

전해질용액에서 이온의 이동수

전해질용액에 전기장을 가해주면 음이온은 양극으로 양이온은 음극으로 이동하면서 전류를 운반한다. Table 1.2에서 보는 것처럼 이온들의 당량전도도는 이온들에 따라서 다른 값들을 가지고 있기 때문에 전해질용액에서 양이온과 음이온에 의해 운반되는 전하량은 전해질에 해리되어 있는 이온들의 전도도에 따라 달라지게 된다. 예를 들어 NaCl 용액에 전기장을 가해주었을 때 흐르는 전류는 Na^+ 이온과 Cl^- 이온에 의해서 운반된다. Table 1.2에서 Na^+의 당량전도도는 50.1이고 Cl^-은 76.3으로 Cl^- 이온이 Na^+ 이온보다 전기전도도가 높은 것을 알 수 있다. 따라서 NaCl 용액에서 Na^+ 이온과 Cl^- 의 농도가 같더라도 전류는 Na^+ 이온보다 Cl^- 이온에 의해 더 많이 운반된다.

전극을 통해 공급된 총전류 중에서 특정 이온에 의해 운반된 전류의 비율을 그 이온에 대한 이동수transport number라고 정의한다. 이온의 이동도mobility와 이동수는 다음과 같은 관계식(Eq. 1.9)을 갖는다.

$$t_+ = \frac{u_+}{u_+ + u_-}, \; t_- = \frac{u_-}{u_+ + u_-}, \; t_+ + t_- = 1 \qquad \text{(Eq. 1.9)}$$

또한 여러 가지 전해질이 혼합된 용액에서 특정 이온에 대한 이동수는 일반적으로 다음 식(Eq. 1.10)으로 표현된다.

$$t_i = \frac{z_i C_i u_i}{\sum_j z_j C_j u_j} \qquad \text{(Eq. 1.10)}$$

용액에서 이온의 이동도는 이온의 물리적인 성질에 의해 결정된다. 그러나 이온교환막에서 이동도는 막의 이온교환물질과 구조에 의해 결정되는 성질을 나타낸다. 이상적인 양이온교환막에서 양이온의 이동수는 1이지만 실제 상용화된 이온교환막의 경우 0.9~1.0 범위의 이동수를 나타내고 있다.

이동수(transport number, t)와 운반율(transference number, T)

$$T_i = \frac{t_i}{|z_i|} = \frac{|J_i|}{\sum_j z_j J_j} = \frac{C_i u_i}{\sum_j z_j C_j u_j}$$

위 식에서 t_i는 이동수이고 T_i는 운반율이다. 다시 말하면 이동수는 전체 전류 중 특정 이온이 기여한 분율을 나타내고 운반율은 전자 1몰의 흐름에서 이동한 특정 이온의 몰분율을 나타낸다. 많은 문헌에 두 용어를 혼용하고 있다. 1:1 전해질에서 대해서는 이동수와 운반율이 같기 때문이다.

침전 가능한 금속이온의 이동수를 측정할 때에는 Fig. 1.2와 같은 Hittorf 셀에서 셀에 흘려준 전류와 침전된 금속이온의 양에서 Faraday 법칙으로 이동수를 측정한다. 이온교환막의 이동수는 이온교환막의 선택성을 나타내며 1.2.3에서 측정 방법을 설명하였다.

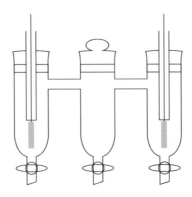

Fig. 1.2 Hittorf 셀

1.2.3 Donnan 평형과 막전위

이온교환막이 이온을 포함한 수용액과 접촉할 때 이온교환막에 흡수될 수 있는 이온은 수용액과 이온교환막 표면층에서 평형을 이룬다. 막의 양쪽 면이 다른 농도의 이온용액에 접하고 있을 때는 다른 평형 조성을 이루게 된다. 이때 막의 양단 사이에는 전기적 포텐셜이 발생하고 이것은 막전위membrane potential 또는 junction potential라고 한다. 균일하지 않은 막에서 도난평형이 일어날 때는 평형이 일어나는 이온교환막 부분의 전하밀도charge density, meq/L가 평형을 결정한다. 따라서 Teorell-Meyers-Sievers[TMS] 이론에 의하면 막전위는 막 양단의 도난전위와 확산전위diffusion potential의 합으로 결정된다.

$$\Phi_{mem} = \Phi_{Donnan1} + \Phi_{diffusion} + \Phi_{Donnan2}$$

이렇게 형성된 막전위는 균일한 물질의 경우에 확산과 전위차에 의한 이온 이동식인 Nernst-Planck 식의 평형조건에서 유도된 전위와 같은 결과를 갖게 된다(2장 참조).

도난평형은 막을 통과할 수 있는 이온과 통과할 수 없는 이온성 물질이 공존할 때, 통과하는 이온들에 의해 이루어지는 평형이 통과하지 않는 이온물질에 의한 전기적중성을 유지하는 조건에서 이루어지는 현상을 설명할 수 있다.

Fig. 1.3(a)와 같이 Na^+ 양이온과 Cl^- 음이온으로 구성된 전해질이 두 이온을 모두 투과시킬 수 있는 막에 의해 분리되어 있다. 초기 side 1에는 전해질용액이, 그리고 side 2에는 증류수가 채워져 있을 경우 이온들은 농도차에 의해 왼쪽(I)에서 오른쪽(II)으로 이동Fick의 법칙하게 된다. 이온의 이동은 양쪽의 농도가 같아질 때까지 진행된다. 즉 Fig. 1.3(b)와 같이

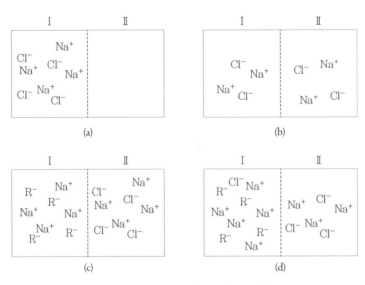

Fig. 1.3 Donnan equilibrium. (a) initial condition, (b) equilibrium concentration, (c) initial condition with non-permeable ions, (d) equilibrium concentration with non-permeable ions(R-: non-permeable ion)

양쪽의 농도가 동일할 때 이온의 순이동net transport은 끝나고 전기화학 시스템은 평형상태에 도달하게 된다. 이번에는 Fig. 1.3(c)와 같이 왼쪽에는 Na^+R^- 전해질용액을 채우고 오른쪽에는 Na^+Cl^- 전해질용액이 채워졌다. 양이온 Na^+와 음이온 Cl^-은 막을 통해 자유롭게 이동할 수 있지만 R^-는 막을 통과할 수 없는 음이온이다. 초기 전해질용액의 농도는 $[Na^+]_I = [Na^+]_{II} = A$이고, $[R^-]_I = [Cl^-]_{II} = A$이다. 음이온 R^-는 막을 통해 이동할 수 없기 때문에 오른쪽(II)의 전기화학 포텐셜electrochemical potential이 왼쪽(I)보다 높다. 양이온의 농도는 양쪽이 모두 같고 막을 통해 이동할 수 있는 음이온 Cl^-는 오른쪽이 높기 때문에 우선 오른쪽의 음이온 Cl^-이 왼쪽으로 이동(B)하게 된다. 음이온의 이동으로 왼쪽은 전체적으로 음전하를 띠게 되고 오른쪽은 양전하를 띠게 되어 막을 경계로 전위차가 생기게 된다. 이러한 전위차의 영향으로 오른쪽에 있는 양이온 Na^+가 왼쪽으로 이동하게 되어 Fig. 1.3(d)와 같이 양쪽의 전기화학 포텐셜이 평형을 이룰 때까지 이온들이 이동한다. 결국 평형상태에 도달하는 과정에서 시스템 내에서 이온의 순이동은 오른쪽에서 왼쪽으로 Na^+Cl^-이 이동한 결과와 동일하다. 평형상태에서는 각 이온들의 농도는 $[R^-]_I = A$, $[Cl^-]_I = B$, $[Na^+]_I = A+B$ 그리고 $[Na^+]_{II} = [Cl^-]_{II} = A-B$가 된다.

1.2.4 전기화학 포텐셜

앞서 선택성 투과막에서의 Donnan 평형을 살펴보았다. 여기서는 Donnan 평형에 의해서 선택성 투과막 사이에서 생기는 막전위에 대해서 알아본다. Fig. 1.4와 같이 양이온교환막이 전해질용액 속에 놓여 있는 시스템을 고려하자. 만일 전해질이 NaCl이라고 가정하면 양이온교환막 표면에서는 막의 작용기와 같은 전하를 갖는 Cl^- 이온은 배제하게 되는데 이를 Donnan 배제Donnan exclusion라고 한다.

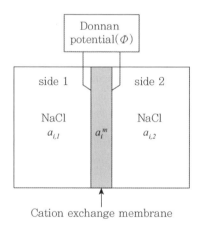

Fig. 1.4 Donnan equilibrium and Donnan potential with a cation exchange membrane

따라서 이상적인 양이온교환막은 양이온만을 선택적으로 투과시키고 음이온은 배제하기 때문에 막과 전해질 사이에는 앞서 설명한 Donnan 평형관계가 이루어진다. 전해질과 이온교환막에서의 전기화학 포텐셜은 각각 다음과 같이 표현된다.

$$\mu_i = \mu_i^o + RT\ln a_i + z_i F\phi \tag{Eq. 1.11}$$

$$\mu_i^m = \mu_i^{o^m} + RT\ln a_i^m + z_i F\phi^m \tag{Eq. 1.12}$$

여기서 μ는 전기화학 포텐셜, μ_i^o는 표준상태에서의 화학 포텐셜, a는 활동도activity이다. 양이온교환막과 전해질이 Donnan 평형을 이루고 있을 때, 각 상phase에서의 전기화학 포텐셜은 동일($\mu_i = \mu_i^m$)하다. 두 상의 표준상태에서의 화학 포텐셜이 동일($\mu_i^o = \mu_i^{o^m}$)하다고 가정하면 Eq. 1.11과 Eq. 1.12로부터 두 상 사이에서 Donnan 평형에 의해서 생기는 포텐셜 Donnan potential을 구할 수 있다.

$$E_{Donnan} = \phi^m - \phi = \frac{RT}{z_i F}\ln\left(\frac{a_i^m}{a_i}\right) \tag{Eq. 1.13}$$

Eq. 1.13은 이온교환막의 한쪽 표면에서 생기는 Donnan potential을 나타내고 있다. Fig. 1.4와 같이 이온교환막의 양쪽 면이 전해질용액과 접하고 있는 경우 Donnan potential은 양쪽 표면 모두에서 생기게 되지만 부호는 서로 반대가 된다. side 1과 side 2의 전해질의 활동도가 각각 a_1, a_2라고 할 때 side 1과 side 2에서의 Donnan potential은 다음과 같다.

$$E_{Donnan,1} = \phi^m - \phi_1 = \frac{RT}{z_i F} \ln\left(\frac{a_i^m}{a_{i,1}}\right) \qquad \text{(Eq. 1.14)}$$

$$E_{Donnan,2} = \phi^m - \phi_2 = \frac{RT}{z_i F} \ln\left(\frac{a_i^m}{a_{i,2}}\right) \qquad \text{(Eq. 1.15)}$$

위 식들로부터 양이온 i에 의해 생성되는 막 양단에서의 전위차(Φ)는 다음 식(Eq. 1.16)으로 표현된다.

$$\Phi = \phi_1 - \phi_2 = \frac{RT}{z_i F} \ln\left(\frac{a_{i,1}}{a_{i,2}}\right) \qquad \text{(Eq. 1.16)}$$

Donnan potential은 확산 가능한 이온에 의해 생기는 전위차이므로 확산전위diffusion potential로 불리기도 한다. 음이온이 부분적으로 통과할 경우 반대 방향의 전위가 발생해 전체 전위는 낮아지게 된다. 이러한 현상은 이온의 이동현상과 함께 2장의 Nernst-Planck 식에서 설명된다.

전해질용액의 화학 포텐셜은 각 이온의 화학 포텐셜의 합으로 표시된다. 예로서 NaCl의 경우 다음과 같이 표현된다.

$$NaCl \rightarrow Na^+ + Cl^-$$
$$m \qquad m \qquad m \qquad m : \text{몰농도}$$

$$\mu_{Na^+} = \mu_{Na^+}^o + RT\ln m_{Na^+}$$

$$\mu_{Cl^-} = \mu_{Cl^-}^o + RT\ln m_{Cl^-}$$

$$\mu_{NaCl} = \mu_{NaCl}^o + RT\ln m^+ m^- = \mu_{NaCl}^o + RT\ln m_{NaCl}^2$$

농도의 영향을 고려한 화학 포텐셜은 농도 대신 활동도activity를 이용하며 활동도는 $a = \gamma m$으로 나타낸다. γ는 활동도계수activity coefficient이다.

농도에 따른 NaCl의 활동도계수는 다음과 같다. 0.001 M 이하 저농도에서 활동도계수는 1이지만 0.1, 0.3, 1 M에서는 0.778, 0.709, 0.657로 감소한다. 이론적으로 활동도계수는 Debye-Huckel의 법칙에 의해 이온강도(I)의 함수로 계산될 수 있다.

$$\log\gamma = -Az^2I^{1/2} \quad A = 1.82 \times 10^6 (\varepsilon T)^{-3/2} \qquad \text{(Eq. 1.17)}$$

여기서 ε는 유전율, z는 이온의 전하, I는 이온강도, A는 용매의 특성을 나타내는 상수이다.

$$I = \frac{1}{2}\sum c_i z_i^2 \qquad \text{(Eq. 1.18)}$$

전극반응

전류의 흐름에 따라 이온이 이동할 때 전극에서는 전극반응을 수반하게 된다. 양극anode에서는 산화반응이 일어나고 전자를 내어놓고 음극에서는 전자를 받아 환원반응을 일으킨다. 표준조건에서 일어나는 대표적인 전극반응의 표준전위(E^o)를 다음 표에 나타내었다.

실제 전극에서 일어나는 산화한원반응의 전위차(E)는 표준전위(E^o)와 산화화원물의 활동도(a) 함수로 표현된다.

$$oOx + ne = \leftrightarrow rRed$$

$$E = E^o - \frac{RT}{nF}\ln\frac{(a_{red})^r}{(a_{ox})^o} \qquad \text{(Eq. 1.19)}$$

Table 1.3 Standard electrode potential at 25°C(V)

Electrode	E°	Electrode	E°
$Li^++e=Li(s)$	-3.05	$H_2=2H^++2e$	0
$Ca^{2+}+2e=Ca(s)$	-2.84	$AgCl(s)+e=Ag(s)+Cl^-$	0.22
$Mg^{2+}+2e=Mg(s)$	-2.36	$Cu^{2+}+2e=Cu(s)$	0.34
$Al^{2+}+3e=Al(s)$	-1.68	$O_2+2H_2O+4e=4OH^-$	0.41
$Mn^{2+}+2e=Mn(s)$	-1.18	$Fe^{3+}+e=Fe^{2+}$	0.77
$Zn^{2+}+2e=Zn(s)$	-0.76	$VO_2^++2H^++e=VO^{2+}+H_2O$	1.00
$Fe^{2+}+2e=Fe(s)$	-0.44	$O_2+4H^++4e=2H_2O$	1.23
$V^{3+}+e=V^{2+}$	-0.26	$Ce^{4+}+e=Ce^{3+}$	1.72

1.3 이온교환막의 전기화학 실험 방법

상업용 이온교환막을 처음 사용하거나 새로운 막을 제조할 때는 이온
교환막에 대한 물리적 혹은 전기화학적 특성들을 분석하여야 한다. 이온
교환막의 성능을 파악할 수 있는 특성으로 가장 많이 분석하는 항목으로
이온교환막의 전기저항, 막의 선택성^{이동수}, 이온교환용량 그리고 수분함
량 등이 있다. 여기서는 이온교환막에서 각 특성들이 나타내는 물리적인
의미와 함께 그 측정이론에 대해서 살펴보도록 하겠다.

1.3.1 전기저항

이온교환막의 전기저항^{electric Resistance}은 일반적인 도체와 같이 옴의
법칙에 의해 결정된다. 전기저항(Ω)은 역수인 이온전도도(S, 또는 mho)
로 전환할 수 있다. 이온교환막에서의 물질 전달은 전위차를 구동력으로
이용하기 때문에 이온교환막의 전기저항은 낮을수록 좋다. 막의 전기저
항은 이온교환막의 기능기^{functional group}와 이온교환용량에 따라 달라질

수 있다. 또한 전기저항은 막을 이루는 고분자의 가교cross–linking도에 크게 영향을 받는다. 가교도를 낮출 경우 막의 전기저항은 감소하게 되어 전기저항 측면에서는 효과적일 수가 있다. 그러나 고분자의 가교도가 낮을 경우 이온교환막은 느슨한 구조를 갖게 되어 이온선택성이 감소하게 되어 효과적인 이온교환막으로 사용될 수 없게 된다. 따라서 이온교환막의 전기저항은 막의 선택성에 영향을 미치지 않는 범위 내에서 최소가 되도록 조절되어야 한다.

이온교환막의 전기저항은 Fig. 1.5와 같은 클립셀을 이용해서 간편한 방법으로 측정할 수 있다. 이온교환막의 전기저항은 직류전원direct current, DC이나 교류전원alternating current, AC을 사용해 측정할 수 있다. 클립셀을 이용해 전기저항을 측정하는 경우에 직류전원을 사용하게 되면 전극반응에 의해서 전해질용액이 변할 수 있기 때문에 일반적으로 교류전원을 이용하게 된다. 교류전원을 이용할 경우 다양한 주파수에서 저항을 측정하기도 하지만 이온교환막의 전기저항만을 측정하고자 하는 경우에는 LCZLCR미터에서 위상차가 0에 가까운 주파수를 선택하여 측정한다. 통상적으로 1,000 Hz 이상의 주파수에서 측정한다. 전기저항을 측정하는 방법은 우선 클립셀에 전해질을 채우고 전해질만의 전기저항을 측정(R_s)한다. 그리고 나서 클립셀 전극 사이에 측정하고자 하는 이온교환막을 끼운 후 전기저항을 측정(R_m)한 다음 앞서 측정한 전해질만의 저항을 빼주면 순수한 이온교환막만의 전기저항 값을 얻을 수 있다. 위상차phase lag (ϕ)가 0이 아닐 경우에는 임피던스를 고려하여 보정($R(ohm) = Z\cos(\phi)$)해야 한다.

전기저항을 측정하고자 하는 이온교환막은 미리 측정하고자 하는 전해질용액 속에 충분한 시간 동안24시간 정도 담가두어 전해질용액과 이온교환막이 평형을 유지할 수 있도록 준비해야 한다. 또한 이온교환막의 전기

ion exchange membrane

Fig. 1.5 A clip cell for measurement of conductivity of an ion exchange membrane

저항은 평형을 이루고 있는 전해질용액의 농도와 종류에 따라 다르기 때문에 전기저항값은 측정에 적용된 전해질의 종류와 농도를 함께 언급해 주어야 한다. 전기저항을 측정하는데 표준화된 전해질이 있는 것은 아니지만 0.5 M NaCl에서 측정된 값이 일반적으로 보고되고 있다.

면특성저항

이온교환막의 저항은 전류가 통과하는 면적에 반비례한다. 따라서 면적이 다른 이온교환막의 저항을 비교하기 위해서 면특성저항area-specific resistance을 표시한다. 면특성저항의 단위는 Ωcm^2로 표시되며 두께방향으로 측정된 저항과 면적의 곱으로 계산된다. 멤브레인 저항과 면특성저항을 표시하는 예를 정리하였다.

- 막의 두께가 100 μm인 경우

  전도도conductivity 0.1 S/cm

  저항resistance 10 Ω cm

  비면적저항area specific resistance 0.1 Ω cm^2

  비면적전도도area specific conductance 10 S/cm^2

- 막의 두께가 50 μm인 경우

  전도도 0.1 S/cm

  저항 10 Ω cm

  비면적저항 0.05 Ω cm^2

  비면적전도도 20 S/cm^2

막의 저항을 측정할 때 유의할 것은 막과 전극 표면의 접촉저항이다. 접촉저항은 접촉면적, 접촉면의 물리적 상태, 계면에서 일어나는 전자나 이온의 전달현상 등 다양한 형태의 전기적 저항을 포함하고 있다. 따라서 막의 저항을 측정하는 전극셀에서 계면저항이 무시할 수준이거나 계면저항이 사전에 정의된 표준화된 전극을 이용하여야 한다. 4전극을 이용하여 막의 평면방향에서 간편하게 측정할 수 있는 전도도와 접촉저항을 고려한 두께방향의 전도도 측정방법은 3장 전해질막의 분석 방법에서 설명된다.

1.3.2 이온교환막의 선택성

이온교환막의 선택성selectivity이란 막이 얼마나 효과적으로 같은 전하 이온coion들을 배제시키고 상대이온counterion만을 통과시킬 수 있는지를 나타내는 지표로 이온교환막의 중요한 성능이다. 이온교환막의 선택성혹은 이동수은 막에 고정되어 있는 기능기functional group의 분포와 밀접한 관련이 있다. 이온교환막은 전하를 띤 기능기가 막에 고정되어 있어 이들 기능기의 Donnan 배제에 의해 작용기와 다른 전하를 가진 상대이온만을 선택적으로 투과시키고 같은 전하를 띤 이온들은 배제시키는 기능을 한다. 기능기의 농도가 낮아지면 선택성은 낮아진다. 만일 고분자의 가교도를 줄일 경우에도 작용기 사이의 거리가 멀어져 같은 전하이온을 배제할 수 있는 정전기적인 반발력이 미치지 못해 막의 선택성은 감소하게 된다. 또한 전해질의 농도가 높은 경우에도 이온교환막의 선택성은 감소하게 된다. 실제로 완전하게 같은 전하이온들을 배제시킬 수 있는 이온교환막은 불가능하고 일정 비율로 상대이온과 함께 이온교환막을 투과하게 된다.

이러한 이온교환막의 선택성은 이온교환막의 이동수transport number로 표현된다. 이온의 이동수는 멤브레인 내 이온의 이동속도에 의해 정의된다. 예를 들어 어떤 양이온교환막의 이동수가 1이라고 하면 이 막은 음이온은 투과시키지 않고 양이온막을 투과시키는 이상적인 막을 의미한다. 이온의 이동수가 0.5일 때는 양이온과 음이온의 이동속도가 같음을 의미한다.

$$t_+ = \frac{u_+}{u_+ + u_-}, \ t_- = \frac{u_-}{u_+ + u_-}, \ t_+ + t_- = 1 \qquad \text{(Eq. 1.20)}$$

실험적으로 측정하는 이동수는 막을 투과하는 이온의 농도로부터 직접 측정하는 Hittorf 방법과 막 양단의 농도차에 의한 막의 전위차로부터 계산하는 방법이 있다.

Hittorf 방법

첫 번째 방법은 Fig. 1.6과 같은 전기화학 셀에 측정하고자 하는 이온교환막을 끼우고 일정한 시간 동안 전류를 공급한 뒤 양쪽 전해질용액의 이온 농도를 측정함으로써 이동수를 구하는 것이다. 이와 같은 방법으로 측정된 이동수는 'Hittorf 이동수Hittorf transport number' 또는 '유효이동수 effective transport number'라고도 한다.

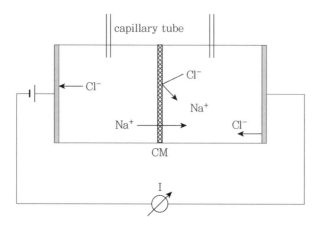

Fig. 1.6 An electrochemical cell for measurement of Hittorf transport number

전기화학 셀은 측정하고자 하는 막에 의해 2 실compartment로 나뉘게 된다. 각 실에는 모세관을 연결하여 이온들이 이동하면서 생기는 전해질의 부피 변화를 측정한다. 실험 초기에 각 실에 동일한 전해질용액을 채우고 전류를 공급해주면 상대이온들은 쉽게 막을 통해 이동할 수 있지만 대부분의 같은 전하이온들은 투과하지 못하게 된다. 일정 시간이 지난 후 각 실의 농도와 부피를 측정하여 이온교환막을 통과한 상대이온counter ion의 양을 측정한 후 다음 식에 의해 이동수를 계산한다.

$$t_i^{eff} = \frac{F|z_i|(C_i^f V^f - C_i^o V^o)}{\displaystyle\int_0^t I dt} \qquad \text{(Eq. 1.21)}$$

만일 2 실 구조의 전기화학 셀을 이용해 Hittorf 이동수를 측정할 때 백금전극을 사용한다면 전극반응에 의해 전해질의 조성을 변화시킬 수 있다. 따라서 전극은 Ag/AgCl와 같은 가역전극을 사용해야 한다. 이 경우 양극과 음극에서는 다음과 같은 산화환원반응이 일어나게 되어 NaCl과 같은 전해질을 사용할 경우 전해질의 조성 변화 없이 이동수를 측정할 수 있게 된다.

- 양극anode반응: $Ag + Cl^- \rightarrow AgCl + e^-$
- 음극cathode반응: $AgCl + e^- \rightarrow Ag + Cl^-$

Hittorf 방법에 의한 이동수 측정은 실제로 이온을 이동시키면서 막의 선택성을 측정하기 때문에 막의 성능을 직접적으로 확인할 수 있는 장점이 있기는 하지만 이온의 농도를 정확하게 분석해야 하고 시간이 많이 소요된다는 단점도 있다.

막전위에 의한 이동수 측정

이온교환막의 이동수를 측정하는 두 번째 방법은 막전위로부터 이동수를 구하는 것이다. 이 방법은 Hittorf 측정법보다 신속하고 편리하게 이동수를 측정할 수 있기 때문에 많이 이용되고 있다.

Fig. 1.7과 같이 측정하고자 하는 이온교환막을 전기화학 셀에 끼우고 양쪽에 서로 다른 농도의 전해질을 채운 후 이온교환막 사이의 전위차(E^{meas})를 측정한다. 비가역적 열역학irreversible thermodynamics으로부터 전위차와 이온교환막의 이동수와는 다음과 같은 관계식이 성립되고 식으로부터 막의 이동수를 계산할 수 있다. Eq. 1.22는 양이온에 의한 정방향의 전위에서 음이온에 의한 미량의 역방향 전위를 뺀 값을 나타낸다.

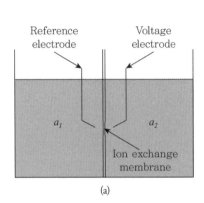

Fig. 1.7 Electrochemical cell for membrane potential measurement. (a) schematic diagram, (b) experimental setup

$$E^{meas} = -\left(2t^+ - 1\right)\frac{RT}{F}\ln\frac{a_1}{a_2}$$ (Eq. 1.22)

여기서 t^+는 양이온의 이동수, R은 기체 상수, F는 Faraday 상수, T는 온도, a_1와 a_2는 투과하는 양이온의 활동도이다[9].

1.3.3 주사전압전류법(Sweep voltammetry)

전기화학 시스템에서 전압-전류 관계는 기본적으로 옴의 법칙에 따르지만 저항 외에도 반응활성화나 농도분극에 의한 전압강하를 포함한다. 모든 이온교환막 공정은 전극반응에 의해 기전력이 발생하거나, 이온이 발생시켜 이온교환막을 통해 이동하게 된다. 이 과정에서 일어나는 전극반응에 관한 이해가 필요하다. 전극에 인가되는 전압에 따라 변하는 전류를 측정하여 전극에서 일어나는 현상을 분석하게 된다. 산화반응과 환원반응을 동시에 관찰하기 위해 전압을 산화반응과 환원반응이 일어날 수 있는 범위에서 주기적으로 변화시키면서 전류를 관찰하는 실험 방법을 순환전압전류법cyclic voltammetry이라고 한다. Fig. 1.8(a)와 같이 전압을 일정한 속도로 증가시키고 감소시키는 변화를 반복하면 Fig. 1.8(b)와 같이 반복되는 전류 곡선을 얻게 된다. 2개 이상의 환원반응이나 산화반응이 있을 때는 전류 곡선에 여러 개의 피크가 나타난다. 이와 같이 전압을 공급하고 전류를 측정하는 장비를 Potentiostat라고 한다.

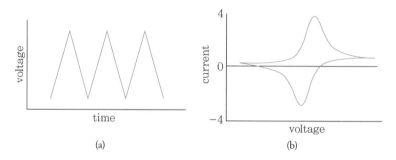

(a)   (b)

Fig. 1.8 (a) Potential change, (b) current-voltage realation in cyclic voltammetry

다음 Fig. 1.9에서 전압-전류 곡선의 의미를 살펴본다. x축은 음의 방향으로 증가하는 전압을, y축의 상단은 환원전류, y축의 하단은 산화전류이다. 최초에 음의 방향으로 증가하는 전압을 인가하면 $O + e \rightarrow R$로 진행하는 환원반응이 일어난다. 피크 전압(E_{pc})을 지난 후 전압을 음의 방향으로 감소시키기 시작하면 $R \rightarrow O + e$로 진행하는 산화반응이 일어나 전류의 흐름도 반대 방향으로 된다. 다시 피크 전압(E_{pa})을 지난 후 환원반응이 완료되면서 전류도 소멸해간다. 다시 전압을 음의 방향으로 증가시키면 환원전류가, 감소시키면 산화전류가 흘러 사이클 형태의 전류 곡선을 보이게 된다. 산화전류가 흐르기 시작하면 일부 남아 있는 환원전류와 산화전류가 겹쳐 측정된다. 순수한 산화전류를 얻기 위해 환원전류를 배제해야 한다. Fig. 1.9에서 환원전류를 배제하는 기준선을 보여주고 있다. 전압변화를 반복하면 환원－산화 곡선의 재현성에서 전극반응의 가역성을 알 수 있다. 또는 전류 곡선으로부터 전극표면에서 이동하는 전하량을 결정하여 전극의 성능을 판단하는 기준이 되기도 한다.

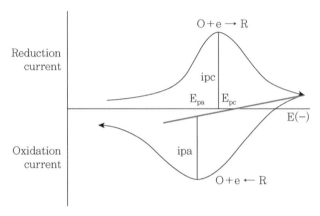

Fig. 1.9 Typical cyclic voltammogram and peak currents

전극에서 환원－산화반응이 일어나는 기작을 단계별로 보면, 전극액의 벌크 영역에 있는 산화물(O)이 전극에 접근하면서 확산경계층에 진입하면 산화물의 확산이 율속단계가 된다. 전극 표면에서 전자와 반응하여 환원물(R)이 되면 다시 확산경계층을 지나 벌크영역으로 이동한다. 이렇게 확산(O)－반응－확산(R) 3단계를 정상상태로 가정하여 전압전류 곡선을 해석하게 된다. 가역반응의 경우 전극반응을 평형상태로 가정하고, 비가역반응의 경우에는 이동계수를 고려한 반응식으로 표현된다.

가역반응의 순환전류전압 곡선

Fig. 1.9에서 산화전류의 피크 전압은 E_{pa}, 환원전류의 전압은 E_{pc}로

표시하였다. 두 피크 전압의 중간값은 $E_{1/2}$이다. 피크 전류의 1/2에 해당하는 각각 $E_{pa/2}$, $E_{pa/2}$로 표시했다. 가역반응의 E_{pa}나 E_{pc}와 $E_{1/2}$ 사이의 관계는 표준조건에서 다음과 같다.

$$E_{pa} = E_{1/2} + 1.11\frac{RT}{nF} = E_{1/2} + \frac{28.5mV}{n} \qquad \text{(Eq. 1.23)}$$

$$E_{pc} = E_{1/2} - 1.11\frac{RT}{nF} = E_{1/2} - \frac{28.5mV}{n} \qquad \text{(Eq. 1.24)}$$

$$(E_{pa} - E_{pc}) = \frac{56.6}{n}mV \qquad \text{(Eq. 1.25)}$$

반파전위는 Eq. 1.26과 같이 정의되고 피크전류는 Eq. 1.27과 같이 표현된다.

$$E_{1/2} = E^{0'} + \frac{RT}{nF}\ln\frac{D_R^{1/2}}{D_O^{1/2}} \qquad \text{(Eq. 1.26)}$$

$$i_p = 2.69 \times 10^5 n^{3/2}(Dv)^{1/2}C^o \qquad \text{(Eq. 1.27)}$$

v는 전위훑기속도(V/s), C^o는 용액 중 반응물의 농도(mol/cm^3), D는 확산계수(cm^2/s), n은 산화환원반응에서 이동하는 전자 수이다.

비가역반응의 순환전류전압 곡선

비가역반응의 피크전류와 그 위치는 반응속도상수 k^o와 비가역성을 의미하는 이동계수transfer coefficient α 의 함수로 표시된다.

$$E_p = E^{0'} - \frac{RT}{\alpha n F}\left[0.78 + \ln\left(\frac{D_o^{\frac{1}{2}}}{k^o}\right) + \ln\left(\frac{\alpha n F v}{RT}\right)^{\frac{1}{2}}\right] \quad \text{(Eq. 1.28)}$$

$$i_p = 2.99 \times 10^5 \left(\alpha n\right)^{\frac{1}{2}} \left(D_o v\right)^{\frac{1}{2}} C_o^* \quad \text{(Eq. 1.29)}$$

이 외에도 다양한 반응식과 전극 형태에 따른 전류─전압 곡선의 해석이 있다[10].

이온교환막에서는 반응이 없는 영역에서 옴 저항과 확산저항에 의해 전류─전압 관계가 결정되기 때문에 선형주사전압법linear sweep voltammetry에 의해 분석이 가능하다. 여기에 관한 이론과 실험 방법은 2장에서 설명하기로 한다.

1.3.4 대시간전위차법

대시간전위 변화 측정chronopotentiometry은 일정 전류를 가해주면서 시간에 따른 전위potential의 변화를 분석함으로써 막과 용액 사이의 경계에서 일어나는 물질전달현상을 이해할 수 있다. 또한 얻어진 chronopotentiogram의 모양은 막 저항, 막 표면의 불균질도heterogeneity, 수리역학적 상태hydrodynamic condition 그리고 중력장에서의 막의 위치에 따라서도 달라진다. 이러한 성질의 차이는 전압이 급격하게 변하는 전이시간의 차에서 나타난다. 대표적으로 변형된 Sand 식(Eq. 1.30)을 이용하면 전이시간으로부터 막 표면의 전도 영역conduction region의 비율의 값을 구할 수 있다[11].

$$\varepsilon = \frac{2i\tau^{1/2}\left(\overline{t_k} - t_k\right)}{C_0 z_k F(\pi D)^{1/2}} \quad \text{(Eq. 1.30)}$$

여기서 ε는 구하고자 하는 이온교환막의 전도성 영역의 비율, i는 전류밀도, τ는 전이시간, C_0는 전해질용액의 농도, z_k는 k 이온의 전하가수, F는 Faraday 상수, D는 확산계수, $\overline{t_k}$는 막에서 이온의 이동수, t_k는 용액에서 k 이온의 이동수이다.

일반적으로 이온교환막의 대시간 전위 변화 측정이 쓰이는 전류밀도의 범위는 25.0~40.0 A/m²이며, 셀을 potentiostat/galvanostat에 연결함으로써, 막－용액 간 간극interface 근처에 놓인 Ag/AgCl 전극과 양극anode 간의 전위 변화를 0.2~100초 동안 자동적으로 측정하게 된다.

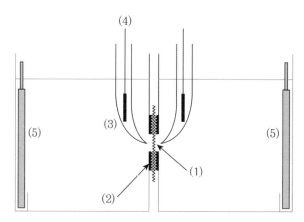

Fig. 1.10 Two compartment electrodialytic cell for chronopotentiometry. (1) membrane, (2) gasket, (3) Luggin capillary, (4) Ag/AgCl electrode, (5) Ag/AgCl plate (working electrode)

Fig. 1.11은 다른 전류밀도에서 Chronopotentiogram을 보여주고 있다[12]. 각 Chronopotentiogram은 3단계 변화를 보여준다. 초기 미세하게 전압이 상승하는 영역은 옴저항이 지배하는 부분이고 급격하게 상승하는 부분은 농도분극으로 인한 전압 상승이다. 1단계와 2단계의 접선이 만나는 지점을 전이시간(τ)이라고 한다. 그림 내부의 $i\tau$가 일정한 값을

보이는 것은 Eq. 1.30에서 다른 변수가 모두 일정함을 알 수 있다. 따라서 막 표면이 균일한 이온교환막의 경우에는 이 결과로부터 막의 이동수나 이온의 확산계수를 계산할 수 있다.

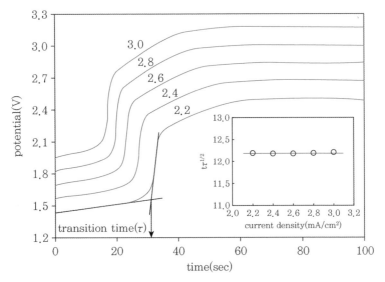

Fig. 1.11 Chronopotentiogram depending on current density[12](Reproduced with permission of Elsevier)

1.3.5 임피던스 스펙트로스코피(Impedance spectroscopy)

전기회로는 저항, 캐패시턴스, 인덕턴스, 3가지 요소로 구성된다. 전류와 전압의 관계가 선형일 때 전류에 대한 전압의 기울기를 저항이라고 한다. 캐패시턴스는 유전물질로 채워져 있는 두 개의 전극 간 포텐셜에 의해 전극이 가지고 있는 전하량을 의미한다. 인덕턴스는 전류의 변화에 의한 전자기 유도현상이 미치는 전압의 변화이다. 캐패시턴스나 인덕턴스를 포함하는 전기회로는 교류전원의 주파수에 따라 다른 전류-전압 관계를 보인다. 교류전원에서 전압/전류 비를 임피던스라 하고 주파수에 따라 임피던스는 변한다. 임피던스 분석은 교류전원을 이용하여 주파수를 변화시키면서 각 시스템을 저항, 캐패시턴스, 인덕턴스 등의 전기적 요소로 분석해내는 실험 방법이다. 특히 낮은 주파수에서의 임피던스 측정은 0.1 nm 수준의 공간 분해능을 얻을 수 있어 정밀한 구조 분석에 아주 효과적이다. 생물막, 합성막, 전극 표면의 산화/환원반응, 부식, 전기 이중층 등의 구조적/기능적 측면에 대한 비파괴 분석으로 널리 사용되어 왔다. 몇 가지 기본적인 회로에 대한 임피던스를 비교해본다.

저항과 캐패시터가 직렬로 연결된 회로

임피던스 분석은 일정 주파수 또는 각속도(ω)와 전류 크기 i_o를 가지는 교류전류를 시스템에 흘려보내면서 그때 형성되는 전압(v_o)과 위상차(ψ)를 가지는 전위를 측정하여 이를 임피던스로 전환하는 것이다. 이때 저항 요소에서는 전류와 전위의 위상차가 $0°$이며 캐패시터에서는 전류와 전위 사이에 $90°$의 위상차가 발생한다.

$$I_{ac} - i_0 \sin\omega t, \ \omega = 2\pi f \qquad \text{(Eq. 1.31)}$$

$$V_{ac} = v_0 \sin(\omega t + \psi) \qquad \text{(Eq. 1.32)}$$

여기서 f는 주파수, t는 시간이다. 식(Eq. 1.31)과 식(Eq. 1.32)에 의해 임피던스는 Eq. 1.33과 같게 된다. 임피던스는 전압과 전류의 비에서 출발하여 복소수 개념을 도입하면 실수부와 허수부로 분리된다.

$$Z = \frac{V_{ac}}{I_{ac}} = \frac{v_0}{i_0} \frac{\sin(\omega t + \psi)}{\sin(\omega t)} \qquad \text{(Eq. 1.33)}$$

$$= |Z|\cos(\omega\psi) - j|Z|\sin(\omega\psi) = Z' - jZ''$$

일반적으로 직류전원에서의 전위는 단순히 캐패시턴스의 영향이 배제된 저항으로만 나타나지만, 교류전원에서는 저항과 캐패시턴스의 영향이 함께 포함된 임피던스로 나타나게 된다. 즉 저항과 캐패시터가 직렬로 연결되어 있다면 임피던스는 아래의 복소수 식으로 저항과 캐패시턴스의 영향을 함께 표현하게 되는 것이다.

$$Z = R - jX = R - j/\omega C \text{ where } j = \sqrt{-1} \text{ and } \omega = 2\pi f$$

(Eq. 1.34)

임피던스 Z는 실수부의 저항과 허수부의 리액턴스(캐패시터에 의한 저항)로 표현된다. 저항과 캐패시터가 직렬로 연결되어 있는 시스템에서는 주파수에 따른 임피던스의 크기 및 위상차는 Fig. 1.12와 같다. Fig. 1.12에서는 100 Ω 저항과 1 μF 축전지가 직렬로 연결되어 있는 회로에 대한 임피던스와 위상차를 주파수의 함수로 표시하였다. 10^4 이상의 주파수일 때는 저항에 비해 리액턴스가 매우 작아지게 되어 임피던스가 저항의 요소인 100 Ω의 영향만 나타나고 위상차가 나지 않지만, 주파수가 낮아질수록 리액턴스 영향이 커져 임피던스 값이 지속적으로 상승하게 되고 10^2 이하의 주파수에서는 저항과 캐패시턴스의 위상차가 90°가 나게 된다. 이렇게 임피던스 측정은 캐패시터에 의한 저항인 리액턴스가 주파수에 의존적인 성질을 이용하여 저항과 캐패시턴스의 값을 구할 수 있다.

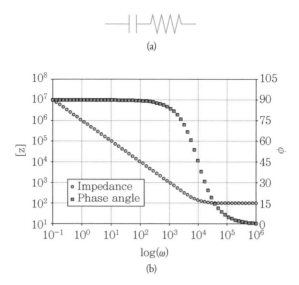

Fig. 1.12 Impedance and Phase angle with various frequency for 100 Ω resistance and 1 μF capacitor in series circuit

저항과 캐패시터가 병렬로 연결된 회로

이온교환막을 통과하는 이온의 이동특성에는 저항과 캐패시터의 두 가지 요소가 존재한다. 전기장에서 멤브레인을 통과하는 이온의 고유한 저항이 있고, 이온교환막의 표면 전하에 의한 캐패시터 요소이다. 따라서 균일한 매질에서의 임피던스는 Fig. 1.13과 같이 저항과 캐패시터의 병렬 연결의 전기적 회로와 같이 표현이 되며 Eq. 1.35로 표현된다.

$$Z = \frac{1}{1/R + j\omega C} = \frac{1}{G + j\omega C} \qquad \text{(Eq. 1.35)}$$

여기서 G는 저항의 역수 표현인 컨덕턴스이다.

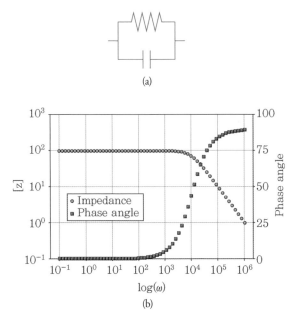

Fig. 1.13 Equivalent circuit for a homogeneous material including resistance and capacitance and its impedance and phase angle

전해질용액에 잠긴 이온교환막의 임피던스 분석

일반적으로 임피던스의 측정은 Fig. 1.14와 같은 4 전극 측정 시스템을 사용하는데, 이는 전류를 시스템으로 흘려보내는 전극과 전위를 측정하는 전극을 따로 사용하여 연결하는 것이다. 전류의 인가와 전위 측정을 동일한 전극에서 수행하는 2 전극 측정 시스템에 비해 4 전극 시스템은 전극 표면의 전기이중층의 발생으로 기인하는 저주파수에서의 높은 임피던스를 제거해 시스템의 임피던스를 정확하게 측정할 수 있다.

Fig. 1.14와 같이 셀은 2 실two compartment로 구성되어 있으며 각 실의 중앙에는 일정한 크기를 가진 원형의 홀이 위치하고 있다. 측정하고자 하는 이온교환막을 각 셀의 원형 홀에 끼워 2 실 전기화학셀을 구성한 후 각 실에 용액을 채운 후 임피던스를 측정한다. 각 전극은 Ag 위에 Cl⁻ 이온을

침적시켜 전류 인가 시 전해반응을 방지하여 저항을 줄여 최소한의 전류만을 인가한다.

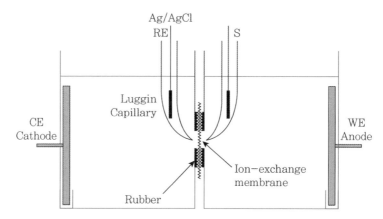

Fig. 1.14 An ion exchange membrane cell for impedance measurement(CE: counter electrode, RE: reference electrode, S: sensor(voltage electrode), WE: working electrode(current electrode))

이온교환막의 전기화학적 특성 중 대표적인 것이 전기저항이다. 앞서 수행되었던 전기저항 측정 역시 임피던스 분석기를 이용하여 측정할 수 있는 방법으로, 높은 주파수에서 교류전류를 인가하여 측정되는 전위를 이용하여 전기저항을 구할 수 있다. Fig. 1.15는 일반적인 용액에서 이온교환막에 대한 전기적 등가회로다. 균질한 매질인 막을 나타내는 저항과 캐패시터의 병렬회로에 용액에 해당하는 저항의 직렬연결로 표현되었다.

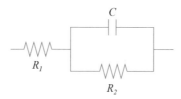

Fig. 1.15 Equivalent circuit for an ion exchange membrane immersed in electrolyte solution

Fig. 1.16과 같이 일반적으로 1 MHz부터 1 mHz까지 주파수를 감소시키면서 측정된 임피던스와 그때의 위상차를 나타낸다.

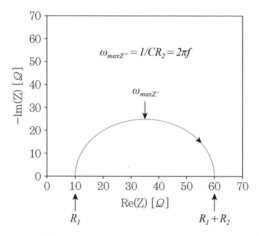

Fig. 1.16 Impedance spectrum for an ion exchange membrane immersed in electrolyte solution

Fig. 1.15에 나타난 등가회로의 임피던스의 수학적 표현은 Eq. 1.36과 같다.

$$Z = \left(R_1 + \frac{R_2}{1 + (\omega R_2 C)^2} \right) - j \frac{\omega R_2^2 C}{1 + (\omega R_2 C)^2} = Z' - jZ''$$

(Eq. 1.36)

Eq. 1.36에서 고주파수 일 때는 $1 \ll \omega RC$의 조건을 만족하여 $Z \simeq Z_1$, 즉 용액의 저항으로 임피던스가 나타나며, 저주파수일 때는 $1 \gg \omega RC$가 되고, 총 임피던스가 $Z \simeq Z_1 + Z_2$와 같이 용액과 막의 저항의 합으로 나타나게 되어 용액과 막의 저항을 각각 구할 수 있게 된다. 그러나 이온교환막의 경우는 일반적으로 1.0 eq/L 이상의 높은 농도의 고정이온이 존재하게 되어 이온교환막은 전도성이 높은 물질로 간주한다. 따라서 이온교환막의 저항이 용액과 같이 매우 높은 주파수에서 측정이 된다. Fig. 1.16은 Fig. 1.15의 등가회로에 해당하는 임피던스 스펙트럼(화살표는 주파수가 감소하는 방향이다.) 여기에서 용액의 저항(R_1)과 멤브레인 저항(R_2)이 결정된다.

워버그 임피던스

Fig. 1.15의 등가회로에서 멤브레인층의 저항에 물질전달 저항이 있는 경우 Fig. 1.17과 같은 등가회로가 된다. 이때 추가되는 임피던스를 워버그Warburg 임피던스warburg impedance(Z_w)라고 한다. 워버그 임피던스에 의한 영향은 위상차phase angle가 45°로 일정하여 Fig. 1.18과 같이 임피던스 스펙트럼에서 반원의 저주파 영역에서 기울기 1의 직선으로 나타난다. 워버그 물질전달저항은 막 표면에 형성된 이온이나 비이온성 물질층의 형성에 기인한다.

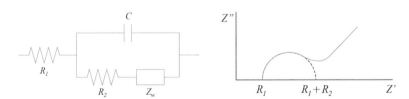

Fig. 1.17 An equivalent circuit including Warburg diffusion

Fig. 1.18 Impedance spectrum with Warburg diffusion

임피던스 측정은 다중 층 구조를 가진 시스템에서 각 층의 저항과 캐패시턴스 값의 크기에 따라 주파수에 따른 분산을 보임으로써 각 층의 전기화학적 구조 분석이 가능하다. 일반적으로 이온교환막 시스템 역시 전해질용액, 이온교환막, 확산경계층, 전자이동층 등의 다중 층 구조를 가지고 있어 임피던스를 이용한 측정이 가능하다. 구체적인 사례는 2장 확산경계층과 농도분극에서 설명한다.

임피던스 분석은 연료전지 운전에서도 중간체에 의한 부반응, CO에 의한 촉매 피독, 물분자 이동 등의 현상에 대한 조사를 가능하게 한다[13]. 또한 일정 운전조건에서 속도상수를 결정하는 데 이용하기도 한다[14].

교류전원을 이용한 이온교환막 특성 분석은 기존의 직류전원을 이용하였을 때 발생하는 막 표면의 화학반응을 저감시킬 수 있어 안정적인 분석이 가능하다. Fig. 1.12와 같이 임피던스와 위상치를 주파수의 함수로 표시한 그래프를 Bode plot이라 하고 Fig. 1.16과 같이 임피던스의 허수부와 실수부의 관계를 주파수의 함수로 표시한 그래프를 Nyquist plot이라고 한다. 위와 같이 측정하고자 하는 시스템을 이해하고 적절한 전기적 회로를 가정한 후 임피던스 측정 방법으로 이온교환막 시스템의 다중 층 구조의 확인이 가능하다. 측정된 임피던스 결과가 가정한 등가회로와 일치하지 않을 때는 등가회로를 수정하여 임피던스 결과와 패턴이 일치할 때 정확한 전기화학적 특성 값을 구할 수 있다.

Fig. 1.19에서는 전극이나 이온교환막에서 일어나는 몇 가지 이온이동 현상의 등가 회로와 그 등가회로에 대한 임피던스 분석을 Nyquist plot 과 Bode plot에서 비교하였다[15].

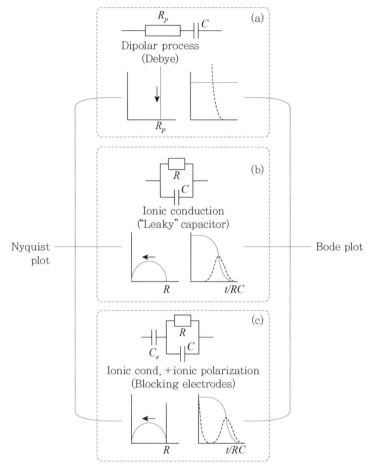

Fig. 1.19 Nyquist plot and Bode plot for typical patterns of electrodic phenomena

1.3.6 이온선택성 전극(Ion-selective electrode)

이온의 전기화학실험이 대부분 전류－전압의 관계에서 측정되지만 물리화학적 성질을 규명하기 위해 농도를 직접 분석하는 경우가 있다. 시료를 채취하여 정확한 농도 측정이 필요한 경우에는 이온크로마토그라피를 이용한다. 이온크로마토그라피는 양이온과 음이온을 별도로 분석한다. 실시간 분석이 필요한 경우에는 이온센서를 이용한다.

센서는 측정 원리에 의해 두 가지로 나뉜다. 옴의 법칙을 따르는 전류법amperometry과 Nernst potential에 따른 전위차법potentiometry이다. 대표적인 전류법 센서는 전도도계conductivity meter이고 이온센서는 전위차법 센서에 속한다. pH 미터는 전위차법을 이용하는 이온센서의 일종이다. 일반적으로 전극의 크기가 100 μm 이하일 때 그 전극을 미세전극이라 부르며 크기가 큰 일반적인 전극과는 다른 특성을 보인다. 이는 전극의 크기에 따라서 확산diffusion의 특성이 달라지는 것에 기인한다. 그중에서도 이온 선택적 미세전극은 특정 이온에 선택적인 고분자 막ion-selective polymeric membrane을 이용하여, 막을 투과하여 생기는 이온의 농도차를 측정한다. 이온 선택적 미세전극은 여러 가지 세포 내부의 이온의 이동을 감지하는 사용되었으며, 뿐만 아니라 최근에는 전극 표면에서의 전극반응을 감지하거나 부식corrosion반응의 연구 등에 응용되고 있다. 이온 선택적 미세전극의 원리는 다음과 같다. 유리 모세관의 팁tip 쪽에 소수성 이온선택성 물질을 삽입시키고, 그 이온선택막ion selective membrane을 사이에 두고 발생하는 전기화학적 전위차electrochemical potential로부터 Nernst 식을 이용하여 이온의 농도를 계산한다. 이러한 전위차potential는 유리 모세관 외부와 내부의 이온 농도차에 의하여 생성되며, 뿐만 아니라 이온선택막 그 자체의 저항에 의한 전위차까지 포함한다. 따라서 이온의 농도를 계산할 때 이온선택막 자체의 전압강하는 전체 전위차에서 제외되어야 하는데 이는 기준전극을 사용함으로써 가능하다. 그리고 이온선택막에서 발생하는 전위차는 이온의 농도concentration에 의존하는 것이 아니라 이온의 활동도activity에 의존하는 것이므로 보정할 때 실험에 사용될 용액의 농도와 성분을 그대로 유지해야만 주변 이온들로 인한 오차를 줄일 수 있다. 이상적인 이온 선택적 미세전극은 전압차와 이온 활동도의 대수로그값의 선형관계를 보여준다. 이러한 관계는 Nernst 식에 의해서 수학적으로 표현된다.

$$E_{io} = E + \frac{RT}{zF} \ln \left[\frac{[A]_o}{[A]_i} \right] \qquad \text{(Eq. 1. 37)}$$

위 식에서 E_{io}는 안쪽 용액과 바깥쪽 용액 사이의 전위차를, E는 기준 전극에 의한 전압을, z는 A 이온의 원자가를, $[A]$는 A 이온의 활동도를 나타내고 있다. 위 식은 아래 식과 같이 간소화될 수 있다.

$$E_{io} = E + 59 \log [A^+] \quad \text{at } 25°C \qquad \text{(Eq. 1.38)}$$

1가 이온에 대한 이상적인 보정 곡선calibration curve은 전압−농도 그래프가 농도에 대하여 약 59 mV의 기울기를 갖는 일직선으로 나타날 것이다. 그러나 실제로는 Fig. 1.20과 같이 검량 시에 매우 낮은 농도에서 전압의 변화가 없이 전압이 일정하게 되는 구간이 생기는데, 측정이 가능한 가장 낮은 이온 활동도를 측정한계점detection limit이라고 한다. 이 측정한계점은 미세전극 팁의 형태에 따라 결정되며 팁 끝이 가늘고 길수록 팁 자체에 걸리는 저항이 커지므로, 큰 값의 측정한계점을 갖게 된다. 이러한 이온 선택적 미세전극의 장점으로는, 첫째 전극으로 농도 측정이 가능해 작은 시스템에 적용될 수 있고, 둘째 작은 양의 전류에도 민감하게 반응하

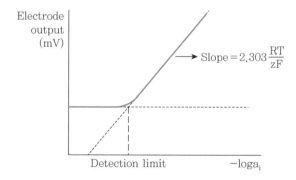

Fig. 1.20 Calibration curve for ion-selective electrode with various ion concentration

기 때문에 작은 농도 변화에도 감응하며 저항이 큰 용액이나 유기용액에서 용이한 실험을 할 수 있으며, 셋째 미세전극 표면에서의 빠른 확산으로 반응시간이 줄어들어 분석시간을 단축할 수 있다. 그러나 미세전극의 민감한 반응성은 동시에 큰 오차를 만들어낼 수 있다. 또한 미세전극을 사용하기 위해서는 정밀한 장비가 요구되며, 미세전극의 크기가 너무 작을 때는 전극의 제작 및 취급이 어렵게 된다.

1.3.7 제타전위

제타전위zeta potential는 전극과 이온교환막 표면에 형성된 전기이중층에 의해 형성된 전위차이다. 제타전위는 막 표면 전하에 따라 결정되며 확산층에서 측정할 수 있는 전위차이다. 표면전하는 일반적으로 두 가지 방법에 의해 측정이 가능하다. 첫 번째는 이온의 전기영동속도electrophoretic mobility를 측정하는 방법이며, 두 번째는 유체의 흐름에 의해 발생되는 흐름전위streaming potential를 측정하는 방법이다. 흐름전위 측정법은 측정이 간단하며 재현성이 우수한 특징을 가지고 있어 멤브레인 표면의 제타전위를 측정하기 위해 널리 이용되었다. 흐름전위 측정 원리는 Fig. 1.21과

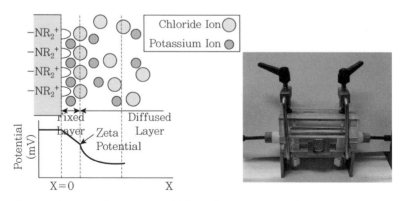

Fig. 1.21 Concept of zeta potential(left) and measurement of streaming potential (right)

같다. 막 표면에 접선방향으로 흐르는 전해질에 의해 시스템streaming potential cell 양단에 측정 가능한 포텐셜이 측정되며 이를 흐름전위라고 한다. 흐름전위는 전기이중층electrical double layer 전단면shear plane에서의 정전기에 대한 직접적인 정보를 주며 다음과 같은 Helmholtz−Smoluchowski 식에 의해 제타전위를 계산할 수 있다.

$$\zeta_{SP} = \left(\frac{E_s}{\Delta P}\right)\frac{\eta\kappa}{\varepsilon_r\varepsilon_0} \qquad\qquad \text{(Eq. 1.39)}$$

이 식에서 E_s는 흐름전위(mV), ΔP는 시스템 양단에 걸리는 수압(Pa), η는 유체의 점도(0.89×10^{-3} Pa·s), κ는 유체의 전도도(S/m), ε_r은 유체의 유전율(78.38), ε_0는 진공 유전율(8.854×10^{-12} S·s/m)이며 E_s와 ΔP가 측정 가능하므로 제타전위를 산출할 수 있다. 측정이 간편한 반면 Helmholtz−Smoluchowski 식은 비교적 높은 이온세기(10^{-3} M 이상)의 전해질용액에서만 사용이 가능하다.

제타전위를 측정하기 위한 또 다른 방법은 전기영동현상을 이용한 측정 방법이다. 석영셀을 이용한 이 방법에서는 전기영동에 의한 비대칭 전기삼투흐름asymmetric electro−osmotic flow이 막 표면에서의 이온들의 누적으로 인해 발생하게 된다. 이러한 전기삼투흐름에 의한 중성의 콜로이드 물질의 표준 입자물질의 이동속도를 측정하여 다음의 Smoluchowski 방정식에 대입함으로써 전기영동에 의한 제타전위를 계산할 수 있다.

$$\zeta_{EP} = \frac{4\pi\eta U}{\varepsilon_r\varepsilon_0} \qquad\qquad \text{(Eq. 1.40)}$$

이 식에서 U는 표준입자의 이동속도($cm^2/V\cdot s$)이며, ε_r은 유체의 유전율(78.38), ε_0는 진공 유전율(8.854×10^{-12} S·s/m)이다.

참고문헌

[1] W. Ho, K. Sirkar, Membrane Handbook, Springer US, 1992.

[2] H. Strathmann, Ion-exchange membrane separation processes, Elsevier, 2004.

[3] T. Sata, Ion exchange membranes: preparation, characterization, modification and application, Royal Society of chemistry, 2007.

[4] Y. Tanaka, Ion exchange membranes: fundamentals and applications, Elsevier, 2015.

[5] Q. Li, R. He, J.O. Jensen, N.J. Bjerrum, Approaches and Recent Development of Polymer Electrolyte Membranes for Fuel Cells Operating above 100°C, Chemistry of Materials, 15 (2003) 4896-4915.

[6] Q. Li, J.O. Jensen, R.F. Savinell, N.J. Bjerrum, High temperature proton exchange membranes based on polybenzimidazoles for fuel cells, Progress in Polymer Science, 34 (2009) 449-477.

[7] R. Souzy, B. Ameduri, Functional fluoropolymers for fuel cell membranes, Progress in Polymer Science, 30 (2005) 644-687.

[8] D.R. Lide, CRC handbook of chemistry and physics, CRC press, 2004.

[9] H.-J. Lee, S.-H. Moon,, Electrochemical characterization of ion exhange membranes in Surface electrical phenomena in membranes and microchannels, Physical Science (2010).

[10] A.J. Bard, L.R. Faulkner, Fundamentals and applications, Electrochemical Methods, 2 (2001) 580-632.

[11] J.-H. Choi, S.-H. Kim, S.-H. Moon, Heterogeneity of Ion-Exchange Membranes: The Effects of Membrane Heterogeneity on Transport Properties, Journal of Colloid and Interface Science, 241 (2001) 120-126.

[12] J.-H. Choi, S.-H. Moon, Pore size characterization of cation-exchange membranes by chronopotentiometry using homologous amine ions, Journal of Membrane Science, 191 (2001) 225-236.

[13] I. Pivac, F. Barbir, Inductive phenomena at low frequencies in impedance spectra of proton exchange membrane fuel cells-A review, Journal of Power Sources, 326 (2016) 112-119.

[14]   A. Sorrentino, T. Vidakovic-Koch, R. Hanke-Rauschenbach, K. Sundmacher, Concentration-alternating frequency response: A new method for studying polymer electrolyte membrane fuel cell dynamics, Electrochimica Acta, 243 (2017) 53-64.

[15]   B.-E. Mellander, I. Albinsson, Electric and dielectric properties of polymer electrolytes, in: B.V.R. Chowdari, M.A.K.L. Dissanayake, M.A. Careem (Eds.) Solid State Ionics: New Developments, 1996, pp. 83-95.

이온교환막과
이동현상

02
이온교환막과
이동현상

이온교환막 시스템에서 이온의 이동은 막과 벌크 용액에서 일어나는 이동, 그리고 막과 용액의 경계지역에서 일어나는 이동현상으로 나눌 수 있다. 막에서의 이동은 고농도 용액과 저농도 용액이 닿아 있는 표면에서 일어나는 도난평형에 의해 이온교환막 내부에 농도구배가 생긴다. 이 농도구배에 의해 이온교환막의 양 표면 간 확산현상이 일어나고 고농도에서 저농도로 이동한다. 벌크 용액에서는 교반이나 유체의 흐름으로 이온이 이동한다. 한편 교반이나 유체 흐름의 영향이 미치지 못하는 유체와 이온교환막의 경계지역에서 확산속도가 느려질 때 농도구배가 커지고 따라서 확산저항이 커진다. 전체적인 이동현상을 보면 평형론적인 단계와 속도론적인 단계가 복합적으로 작용하고 있다. 여러 단계의 이동현상이 일어나고 있을 때는 율속 단계를 고려하여 이론적인 관계식을 유도하게 된다.

2.1 확산경계층과 Nernst-Planck 식

일반적으로 이온의 이동은 농도차에 의한 확산diffusion, 전기장에서 전위분포에 따른 이동electromigration, 용액의 흐름에 따른 이동convection의 세 가지 기작에 따른다. 확산은 유체 내에 포함된 분자의 농도가 다를 때 그 분자가 고농도에서 저농도 방향으로 이동하는 현상을 말한다. 분자의 이동속도는 농도구배concentration gradient에 비례하며 비례상수를 확산계수 diffusion coefficient라고 한다. 전기장에서 전하를 띤 이온은 전극으로 이동한다. 양이온은 음극cathode(−)으로 음이온은 양극anode(+)으로 이동한다. 이때 이동속도는 전기장의 세기(V/cm)에 비례한다. 용액의 흐름에 따른 이동은 유체의 이동속도와 같다. 일반적으로 확산속도는 다른 기작에 비해 이동속도가 느리기 때문에 전극이나 막의 표면에서 농도구배가 형성되면 이온의 이동이 느려져 전체 시스템의 속도를 제한하게 된다.

　Fig. 2.1은 전극과 이온교환막에 의해 분리되어 있는 2 용액조 셀 구조를 보여주고 있다. 벌크 용액에서는 교반이나 유체의 흐름에 의해 균일한 농도를 유지한다고 가정한다. 이온은 전기장에 의해 이온교환막에 접근하여 이온교환막의 선택성에 따라 막을 통과하여 반대쪽 전극으로 이동한다. 이때 막 근처에서는 유체의 흐름이 정지되고 이온의 이동이 확산에

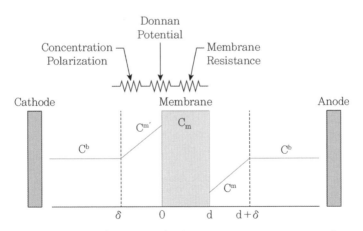

Fig. 2.1 Concentration polarization and resistance in a two-compartment cell

따른다. 전류의 흐름이 이온의 확산속도보다 빨라지면 농도구배가 발생하고 이동속도가 느려진다. 이 구간을 확산경계층이라고 하고 전류밀도가 높아질 때 전기저항을 증가시킨다.

이온교환막 셀에 전기장을 걸어주었을 때, 확산경계층에서는 농도구배와 전위차에 의해 이온이 이동하게 된다. 따라서 플럭스 J_i는 Eq. 2.1과 같이 확산diffusion에 의한 플럭스($J_{i,diff}$)와 전기장electric field에 의한 플럭스($J_{i,eff}$)의 합으로 나타난다.

$$J_i = J_{i,diff} + J_{i,el} = -D_i\left(\frac{\partial C_i}{\partial x} + z_i C_i \frac{F}{RT}\frac{\partial E}{\partial x}\right) \qquad \text{(Eq. 2.1)}$$

여기서 D는 확산계수, F는 Faraday 상수, C는 농도, E는 전위차, R은 기체상수, T는 Kelvin 온도, x는 확산경계층 두께를 의미한다. 위 식은 Nernst-Planck 식으로 잘 알려져 있으며, 이온교환막 시스템에서 물질 전달을 해석하는 데 중요하게 이용되고 있다. 위 식으로부터 플럭스는 농도구배와 전위차가 클수록 증가하고 이동하는 이온의 확산계수에 비례하여 증가한다는 것을 알 수 있다.

확산에 의한 플럭스와 전기장에 의한 플럭스의 합이 '0'이 되는 조건은 물질의 이동이 없이 농도구배가 평형상태의 전기적 포텐셜로 나타나게 된다. Eq. 2.1에서 $J_i = 0$의 조건에서 Eq. 1.16이 유도될 수 있다.

2.2 농도분극현상과 임피던스 분석

이온교환막을 이용해 이온성 물질(무기이온, 유기산, 아미노산 등)을 분리할 때 물질이동의 구동력driving force으로 전기장electric field을 이용한다.

양극과 음극을 통해 기전력을 공급해주게 되면 전류의 흐름에 따라 이온교환막 내부의 이온 이동은 빠른 속도로 이루어지지만 전해질용액과 이온교환막의 계면에서 이동은 유체역학적 제한 요소들이 있어 이온교환막 공정의 전체 저항 및 공정 성능에 크게 영향을 미친다. 막 표면에서 교반이나 대류의 영향을 받지 않고 확산에 의해서만 이온이 이동하는 확산경계층이 발생한다. 확산경계층의 두께는 운전조건에 따라 변하지만 일반적으로 수십에서 수백 μm 정도이다.

Fig. 2.1에서 보여주는 바와 같이 전해질용액 중의 양이온은 양이온교환막을 통해 이동하게 되지만 음이온은 양이온교환막을 투과하지 못한다. 따라서 전극을 통해 공급된 전류는 전해질용액에서는 양이온과 음이온에 의해서 운반되지만, 양이온교환막에서는 양이온에 의해서만 운반되고, 음이온교환막에서는 음이온에 의해서만 운반된다. 이러한 전해질과 이온교환막 사이의 이동수 차이 때문에 이온교환막 표면에서 배제되는 이온의 확산경계층에서 농도구배concentration gradient가 생기게 되는데, 이와 같은 현상을 농도분극concentration polarization현상이라고 한다. 낮은 전류밀도에서 이온의 이동속도가 낮아 확산경계층의 농도구배가 크지 않지만 전류밀도가 높아질 때 희석조의 양이온교환막 표면에서 양이온의 농도가 낮아지며, 반대쪽인 농축조의 양이온교환막 표면에서 음이온의 농도가 증가하게 된다. 농도분극현상은 전기저항을 증가시키고 분리효율을 감소시키게 되는데, 분극현상이 증가함에 따라 이온의 투과속도가 감소하게 된다. 이러한 농도분극은 셀의 기하학적 형태, 유속, 스페이서의 형태, 용질의 종류, 온도 등에 영향을 받는다[1-3].

농도분극현상은 이온교환막의 투과속도를 저하하고 전기저항을 증가시켜 에너지 효율을 떨어뜨린다. 또한 막오염물질이 전하를 띠고 있을 때는 막 표면에 이온의 이동을 방해하는 층을 형성하여 막오염이 발생한다.

따라서 농도분극현상의 이해는 이온교환막 공정의 운전에 중요한 부분이다.

1장에서 임피던스 방법에 의한 이온교환막 분석 방법을 설명했다. 여기에서는 확산경계층을 포함한 이온교환막의 임피던스 분석을 살펴보고자 한다. 간단한 형태의 확산경계층에서 일어나는 물질전달 저항은 1장에서 설명한 Warburg 임피던스에 의해 해석이 가능하다. 그러나 구조적인 다층구조를 가진 확산경계층이나 막오염층의 분석은 다중층 이온교환막 시스템의 임피던스 분석 방법을 적용해야 한다. 확산경계층과 농도분극 또는 막오염현상은 이온교환막을 포함하여 전기화학적인 다층 구조를 형성한다. 이온교환막의 다중층 시스템은 Fig. 2.2와 같이 용액, 이온교환막, 확산경계층으로 이루어진 등가회로로 표시할 수 있다.

Fig. 2.2는 확산경계층을 포함한 이온교환막 시스템의 등가회로이다. 이 등가회로는 확산경계층에 의한 저항과 캐패시턴스의 병렬회로가 용액과 멤브레인층에 이어진 직렬회로를 구성하고 있다.

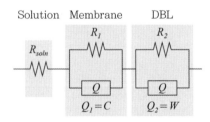

Fig. 2.2 Equivalent circuit for an ion exchange membrane with diffusion boundary layer(DBL)

이 등가회로에 해당하는 임피던스 측정 셀에서 얻은 이온교환막의 임피던스 스펙트럼은 Fig. 2.3과 같다. 실수부의 임피던스에 대해 허수부의 임피던스의 변화를 보여주는 Nyquist plot에서 살펴보면 고주파 부분에서부터 첫 번째 캐패시턴스 영향(x축 윗부분의 반원)과 인덕턴스 영향이 있는 경우 x축 아래에 나타난다. 첫 번째 반원은 교반의 영향을 받지 않는 측정 셀의 구조적인 영향이고 두 번째 캐패시턴스에 의한 반원은 확산경계층의 영향에 의한 것이다. 교반속도가 빨라지면 두 번째 반원의 크기가 작아진다. 이는 이온교환막 다중 층 구조에서 저항 감소가 그 원인이다. 즉 교반이나 유체의 흐름에 영향을 받은 두 번째 캐패시턴스 영향을 나타내는 반원이 이온교환막 시스템의 임피던스 영향을 보여준다. 일반적으로 200 Hz 이하의 저주파수에서 나타나는 반원으로부터 이온교환막 시스템의 전기화학적 구조를 분석할 수 있다.

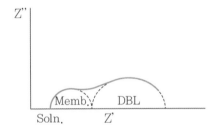

Fig. 2.3 Impedance spectrum for the equivalent circuit in Fig. 2.2

이 등가회로를 각속도의 지수형태함수로 표시하여 간단하게 해석하는 방법이 있다. 실제의 분산을 보이는 시스템에서 비이상적인 거동을 표현하는데, 등가회로에서 포함된 캐패시터를 CPE constant phase element 라고 하는 지수를 사용하여 리액턴스로 나타내는 것이다. 이는 실제 데이터의 피팅에 편리하며 Eq. 2.2로 표현된다.

$$Q = Y_0(jw)^{-n} \hspace{3cm} \text{(Eq. 2.2)}$$

여기서 n이 1일 때 CPE는 이상적인 캐패시턴스의 거동을 보이며, -1일 때는 인덕턴스, 0.5일 때는 확산에 의한 임피던스인 워버그 임피던스를 나타낸다. 여기에서도 Q_2에 따라 두 번째 반원은 전형적인 캐패시터의 반원이 되거나, 물질전달 저항에 의한 45° 위상차의 선형관계가 되기도 하고, 두 현상이 공존하는 복잡한 형태의 임피던스가 될 것이다. 이온교환막 시스템에서는 거의 나타나지 않지만 인덕턴스 현상을 포함한다면 임피던스 허수부가 실수축 아래에 나타날 것이다.

2.3 전류-전압 곡선과 한계전류

Fig. 2.4와 같은 이온교환막 시스템에서 전압을 증가시키면서 셀에 흐르는 전류를 측정하면 Fig. 2.5와 같은 전류-전압 곡선current-voltage curve을 얻을 수 있다. 이온교환막의 전류-전압 곡선은 이온교환막에서의 물질전달현상을 설명할 뿐만 아니라 전기저항 등 이온교환막의 특성을 이해할 수 있다.

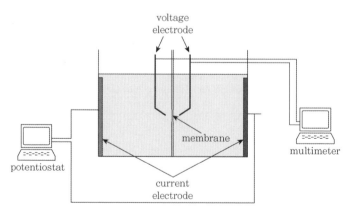

Fig. 2.4 Measurement of a current-voltage relation for an ion exchange membrane

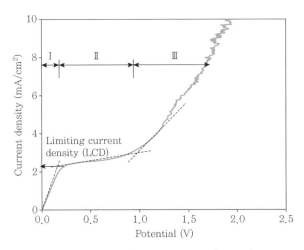

Fig. 2.5 Current-Voltage relation and limiting current density for an ion exchange membrane

그림에서 보는 것처럼 이온교환막의 전류-전압 곡선은 세 개의 영역으로 구분할 수 있다. 첫 번째 영역region I에서는 전압과 전류가 옴의 법칙을 따라 정비례관계를 보인다. 이 영역은 확산경계층 내에서 농도분극현상이 비교적 작아 농도분극에 따른 저항의 증가가 무시될 수 있는 영역이다. 그러나 전압을 점차 증가시키면 확산경계층에서 농도분극현상은 무시할 수 없게 되고 막 표면에서의 농도는 계속해서 감소하게 된다. 전해질의 전기저항은 농도에 반비례하기 때문에 농도분극현상이 심해질 때 전기저항은 급격히 증가하게 된다. 그 결과 전압을 증가시켜도 전류는 전압에 비례하여 증가하지 않고 비선형적으로 증가하게 된다. 전압을 더 증가시키면 막 표면에서 전해질의 농도가 0이 되는 한계전류밀도에 이르게 된다region II. Nernst-Planck 이론에 따르면 전류가 한계치LCD에 도달하면 외부에서 전압을 증가시켜도 전류는 더 이상 증가하지 않게 된다. 그러나 Fig. 2.5에서 보는 것처럼 전류는 다시 전압에 비례하여 증가하는 경향을 나타낸다region III[1]. 여기에서 일어나는 농도분극현상은 Fig. 2.1에 나타내었다. 전류밀도가 증가함에 따라 막 표면의 농도(C^m)가 감소하여 이온의 이동에 확산저항이 증가하게 된다. 정상상태_{steady state}에서 확산경계층 안 플럭스와 이온교환막에서의 플럭스가 동일($J_{i, DBL} = J_{i, membrane}$)하다. 이때 I 영역에서 이온의 플럭스는 Faraday 상수를 이용하여 전류로 전환할 수 있고 Nernst−Planck 식으로부터 전류밀도는 다음과 같은 식으로 유도된다.

$$i = \frac{z_i F D_I (C_i^b - C_i^m)}{\delta(t_t^m - t_i^s)} \qquad \text{(Eq. 2.3)}$$

여기서 C_i^b, C_i^m 은 벌크와 이온교환막 표면에서의 전해질의 농도이고, δ는 확산경계층의 두께이다. 즉 $(C_i^b - C_i^m)/\delta$는 확산경계층에서 전해질의 농도구배를 나타낸다. 또한 t_i^s, t_i^m 는 용액과 이온교환막에서 이온의 이동수를 나타낸다. Eq. 2.3으로부터 전류는 확산경계층에서 전해질의 농도구배에 비례하고 막과 용액의 이동수의 차에 반비례한 관계가 있음을 알 수 있다.

한계전류밀도

전류를 계속해서 증가시키면 확산경계층에서의 농도구배는 증가하게 되고 일정 전류밀도에서 막 표면에서 전해질의 농도는 0이 된다. Fig. 2.1에서 보는 바와 같이 희석조의 막 표면의 농도(C_m^d)가 0일 때의 전류밀도가 한계전류밀도_{limiting current density, LCD}이며 Eq. 2.3으로부터 다음과 같이 정리할 수 있다.

$$i_{\lim} = \frac{z_i FD_i C_i^b}{\delta(t_i^m - t_i^s)} \qquad\qquad \text{(Eq. 2.4)}$$

전기투석electrodialysis과 같은 이온교환막 공정을 운전할 때 전류밀도는 가능한 한 높은 조건에서 운전하는 것이 경제적으로 유리하다. 그러나 앞서 설명한 농도분극현상 때문에 전류밀도는 무한히 높일 수 없게 되고 실제 공정의 운전에서는 한계전류밀도 이하에서 전압이나 전류를 제어하는 것을 권장한다. 운전전류밀도가 결정되면 필요한 전체 유효 막면적이 계산되고, 적절한 단일 막 유효 면적이 선정되면 필요한 셀의 수가 결정된다.

따라서 한계전류밀도를 높일 수 있는 최적의 운전조건을 찾는 것이 필요하다. Eq. 2.4를 통해 알 수 있는 것처럼 이론적으로 한계전류밀도는 전해질용액의 특성(이온의 원자가, 확산계수, 농도, 이동수)과 이온교환막의 특성(막의 선택성) 그리고 수리학적 특성(확산경계층의 두께)에 의해서 결정된다. 전해질의 물리적인 성질은 쉽게 조절할 수 없는 물리량이기 때문에 적용 대상 시료에 대해서는 상수값과 같다. 또한 이동수가 1에 가까운 고선택성 이온교환막에서는 선택성이 한계전류밀도에는 영향을 미치지 않는다. 그러나 이온교환막 표면에서 용액의 유속을 증가시킴으로써 확산경계층의 두께는 감소시킬 수 있다. 따라서 이온교환막 공정의 운전에서 이온교환막 표면에서 용액의 선속도linear velocity는 한계전류밀도를 결정짓는 중요한 운전 인자이다.

한계전류밀도의 측정과 경험식

실제 이온교환막 공정 운전에서 한계전류밀도($i_{\lim}$)를 막 표면에서 유체의 선속도linear velocity의 함수로 표현할 수 있다[2,3].

$$i_{\lim} = aCV^b \qquad \text{(Eq. 2.5)}$$

여기서 C는 용액의 농도, V는 선속도이다. 위 식에서 a와 b는 실험적으로 결정하는 상수로 셀과 스페이서의 기하학적 형태, 용액의 점도, 막의 이온투과성 등에 따라 달라진다. 위 식은 다음과 같이 로그함수로 표현된 선형관계로 표시할 수 있다. 이 식을 이용한 실험결과의 분석으로 상수 a와 b를 결정한다.

$$\ln\left(\frac{i_{\lim}}{C}\right) = \ln a + b \ln V \qquad \text{(Eq. 2.6)}$$

이 밖에 한계전류밀도는 전류밀도의 변화에 따른 셀의 저항과 pH를 측정함으로써 결정될 수 있다. 실제적으로 $1/i$에 따른 pH 값, 혹은 저항 그래프를 이용하여 구할 수 있다.

전류 - 전압 곡선의 이론식

Fig. 2.5의 전류-전압 곡선에서 1영역은 이온교환막과 용액의 저항에 의한 전압강하로 2영역은 막 표면에서 농도분극에 의한 전압강하로 표시할 수 있다. 이 두 전압강하를 더하면 전류-전압 곡선을 다음과 같은 식으로 표현할 수 있다[4].

$$V = \left(R_o - \frac{2RT}{FI_L}\right)I + \frac{RT}{F}\left[(2\Delta t_i) + (2\Delta t_i)^{-1}\right]\ln\left(\frac{I_L + I}{I_L - I}\right)$$

$$\text{(Eq. 2.7)}$$

실험에서 전류(I) - 전압(V)의 관계가 얻어지면 위에서 설명된 방법으로 한계전류밀도(I_L)를 결정하고 Eq. 2.7로부터 이동수 같은 상수들을 결정할 수 있다. 여기에서 Δt_i는 막과 용액에서 이동수의 차이를 의미한다. 다만 III영역에서는 대류현상과 물분해반응과 같이 복잡한 현상이 일어나기 때문에 이론적인 식으로 표시되지 않는다.

2.4 과전류에 의한 물분해현상

전류 – 전압 곡선에서 한계전류밀도를 초과한 세 번째 영역을 설명하기 위하여 많은 이론들이 제시되고 있지만 아직까지 명확한 이론은 없는 상황이다. 현재 일반적으로 받아들여지고 있는 이론으로 물리적인 전기대류electroconvection현상과 화학적인 물분해water-splitting현상을 살펴본다.

전기대류현상은 I. Rubinstein에 의해 제안되었다[5]. Nernst–Planck 식은 막 표면의 확산경계층이 대류가 없는 층류laminar 영역이라는 가정하에서 전개되었다. 한계전류밀도 근처에서 막 표면에서의 전기장의 세기는 급격하게 증가하게 되고 막 표면에서는 공간전하space charge가 생기게 된다. 또한 이온교환막의 기능기가 막 표면에 미세한 불균일 분포를 이루고 있어서 막 표면에서 전기장도 불균일하게 분포되어 있다고 생각할 수 있다. 따라서 전류밀도가 높은 부분과 낮은 부분이 형성되고 전류밀도의 차는 수화된 이온의 흐름이 불균일하게 된다. 그 결과 막 표면에서 와류vortex 형태의 대류가 일어나게 되고 확산경계층에서의 농도분극을 깨뜨려 물질전달을 촉진하게 되어 한계전류밀도 이상의 전류가 흐를 수 있다는 것이 Fig. 2.6에 도시된 전기대류현상이다.

전기대류현상이 확산경계층의 교반효과로 이온의 이동속도를 증가시키는 것과 동시에 이온교환막 표면에서는 물분해현상이 일어날 수 있다.

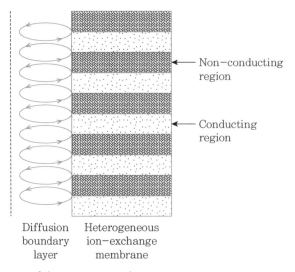

Fig. 2.6 Concept of electroconvection theory

이온교환막을 통해 흐르는 전류가 한계전류값에 이르게 되면 막 표면에서는 전기장의 영향으로 물분자가 H^+와 OH^- 이온으로 분해되기 시작한다. 이러한 현상을 이온교환막에서의 물분해현상이라고 한다. 한계전류밀도 이상에서 물분해현상은 크게 두 가지 메커니즘으로 설명되고 있다. 첫째는 물분자의 해리상수dissociation constant가 전기장의 세기에 따라 증가한다는 이론으로 Second Wien 효과Second Wien effect라고도 한다[6]. 한계전류밀도에 이르렀을 때 이온교환막 표면에서의 전기장의 세기는 $10^7 \sim 10^9$ V/m 정도가 되는 것으로 알려져 있는데, 이러한 강한 전기장하에서 물분자의 해리상수가 증가하게 되어 물분해가 촉진된다는 것이다.

이온교환막에서의 물분해현상은 양이온교환막보다는 음이온교환막에서 더 활발히 일어난다. 이러한 차이는 Second Wien 효과만으로는 설명할 수가 없다. R. Simon은 두 이온교환막에서의 물분해현상의 차이점을 설명하기 위해서 촉매이론catalytic theory을 제안하였다[7,8]. 이 이론에 의하면 특정 촉매하에서 물분해현상은 증가하게 된다. 일반적으로 사용되고 있는 음이온교환막의 경우 음이온교환 작용기로 강염기성의 4차 암모늄 그룹이 사용되고 있다. 그러나 강한 전기장하에서 이들 작용기는 Hoffman 반응에 의해 약염기성의 3차 아민이나 2차 아민으로 전환된다. 이들 약염기성 아민들은 쉽게 물분자로부터 수소이온을 주고protonation받을deprotonation 수 있는 촉매로 작용하게 됨으로써 음이온교환막이 양이온교환막에 비해서 물분해가 많이 일어나게 되는 것이다. 그러나 양이온교환막 작용기로 흔히 사용되는 황산기의 경우 수소이온의 흡탈착을 일으킬 수 있는 촉매로 작용하지 못해 양이온교환막에서의 물분해는 물분자로부터 직접 분해되기 때문에 음이온교환막에 비해 물분해 양이 적게 나타나는 것이다. 음이온교환막의 작용기 가운데에서도 피리디늄은 물분해 촉매효과가 낮은 것으로 알려져 있다[9].

바이폴라막에서 일어나는 물분해현상과 달리 음이온교환막에 일어나는 물분해현상은 막오염의 원인이 되고 이온분리 공정의 에너지 효율을 감소시키게 된다. 한계전류밀도 이상의 전류가 공급되었을 때 이온교환막 표면에서 분해되는 물의 양은 공급된 전류의 1% 미만으로 매우 낮고 대부분의 전류는 전해질 이온들에 의해서 운반된다. 그러나 비록 분해되는 양은 적지만 물분해현상은 이온교환막 공정의 운전 측면에서 여러 가지 문제점을 유발할 수 있다. 우선 전해질용액 중에 Ca나 Mg 또는 중금속과 같은 이온들이 존재할 경우 물분해로 생성된 OH^- 이온과 결합해 막 표면에 불용성 염scale을 형성하게 된다. 이온교환막 표면에 불용성염이 쌓이기 시작하면 막의 전기저항을 증가시킴으로써 공정의 운전비용을 상승시킨다. 또한 침전물이 쌓이면서 막 사이의 유로flow path를 막아 공정 운전이 불가능한 경우까지도 초래할 수 있다. 이러한 문제점을 해결하기 위해서는 이온교환막 표면에서 물분해현상이 일어나지 않도록 전류밀도를 한계값 이하로 운전하거나 전처리 공정을 통해 침전을 일으킬 수 있는 이온들을 미리 제거해주어야 한다.

전극에서 일어나는 물분해반응

이온교환막을 포함하는 전기화학 공정은 반드시 전극반응을 포함한다. 전기를 생산하는 갈바닉 셀이나 전기를 소모하는 전해 셀에서 전극을 통해 에너지가 전달된다. 에너지의 전달은 전자가 이동하는 산화반응이나 환원반응을 수반한다. 가역적인 반응에 의해 에너지 전달이 이루어지기도 하지만 비가역적인 반응으로 기체를 발생시키거나 침전물을 생성하기도 한다. 또한 물분해반응으로 전류가 흐르기도 한다. 그런데 정상적인 가역반응에 의해서 작동하는 전극에서도 과전압으로 인한 용매나 전해질의 분해가 일어날 수 있다. 따라서 멤브레인과 전극의 과전압은 공정의 에너지 효율을 저감하기도 하고, 멤브레인이나 전극물질의 화학적인 열화현상을 가져오기도 한다.

2.5 에너지 공정에서 이동현상

에너지 공정의 개선 목표는 두 가지로 요약될 수 있다. 첫 번째는 전류밀도를 높여 전극이나 멤브레인의 단위면적당 에너지 생산량을 늘리는 것이고, 두 번째는 시스템의 저항을 줄임으로 에너지 생산 효율을 높이는 것이다. 시스템의 저항을 줄이면 주어진 전극조건에서 전류밀도가 증가하여 에너지 생산량이 증가하기 때문에 두 가지의 개선 목표가 완전히 독립적인 것은 아니다. 그러나 첫 번째 목표는 열역학적인 목표이고 두 번째 목표는 동력학적인 방법에 의한 개선으로 열역학적인 목표를 뛰어넘는 개선은 아니다. 대부분의 에너지 공정의 정상적인 운전 조건에서 동력학적인 원인에 의해 확산경계층 같은 율속단계가 발생하지 않는다. 이러한 이유로 에너지 공정에서의 이동현상에 관한 연구는 수처리 공정에 비하여 체계적으로 이루어지지 않았다. 그렇다고 에너지 공정에서 이동현상에 관한 고찰이 전혀 없었던 것은 아니다. 더구나 에너지 공정의 스케일업이나 RED 같은 새로운 에너지 공정에서는 이동현상에 관한 고려가 필요하다.

연료전지는 촉매전극반응이 열역학적인 목표를 결정하고, 멤브레인과 유체가 흐르는 전극 부분에서 동력학적인 개선이 필요하다. 수용액 중에 이용되는 이온교환막에서는 막 표면의 도난평형이 구동력이지만 연료전지의 멤브레인에서는 촉매전극에서 일어나는 반응으로 인한 농도차로 수용액상태보다 높은 농도 기울기를 갖는다. 전류밀도를 비교하면 전기투석의 이온교환막에서 $10 \sim 100$ mA/cm^{2}이지만 연료전지에서는 $100 \sim 1,000$ mA/cm^2 수준이다. 연료전지의 고전류밀도 조건에서 일어나는 이온의 이동기작은 Fick's law 같은 무제한적인 공간의 확산이 아닌 이온채널을 통한 Grotthuss 기작과 vehicle 기작으로 설명된다(7장). 한편 연료전지에서 물질전달에 의한 율속단계는 성능 곡선에서 피크를 지난 고전류, 저전압 조건에서 일어난다. 그러나 이 물질전달 저항이 감소하면 같은 전류밀도에서 출력전압이 상승하게 되어 시스템 성능이 개선된다. 7장에서 연료전지의 분극 곡선으로부터 물질전달의 제한요소가 되는 성분의 물질전달계수를 정량적으로 비교하는 방법을 설명하였다. 여기에는 GDL$^{gas\ diffusion\ layer}$의 구조, 가스 공급 속도, 압력 등이 영향을 미친다.

새로운 에너지전환 공정인 역전기투속, 산염기흐름전지 등은 스택구조에서 멤브레인 전위기반으로 수행된다. 따라서 수용액의 확산경계층에서 일어나는 농도분극현상 방지가 공정의 효율을 개선하는 중요한 원리이다.

참고문헌

[1]   J.-H. Choi, H.-J. Lee, S.-H. Moon, Effects of Electrolytes on the Transport Phenomena in a Cation-Exchange Membrane, Journal of Colloid and Interface Science, 238 (2001) 188-195.

[2]   H.-J. Lee, J.-H. Choi, J. Cho, S.-H. Moon, Characterization of anion exchange membranes fouled with humate during electrodialysis, Journal of Membrane Science, 203 (2002) 115-126.

[3]   H.-J. Lee, H. Strathmann, S.-H. Moon, Determination of the limiting current density in electrodialysis desalination as an empirical function of linear velocity, Desalination, 190 (2006) 43-50.

[4]   J.-H. Choi, J.-S. Park, S.-H. Moon, Direct Measurement of Concentration Distribution within the Boundary Layer of an Ion-Exchange Membrane, Journal of Colloid and Interface Science, 251 (2002) 311-317.

[5]   I. Rubinstein, F. Maletzki, Electroconvection at an electrically inhomogeneous permselective membrane surface, Journal of the Chemical Society, Faraday Transactions, 87 (1991) 2079-2087.

[6]   Y. Tanaka, Water dissociation reaction generated in an ion exchange membrane, Journal of Membrane Science, 350 (2010) 347-360.

[7]   R. Simons, Electric field effects on proton transfer between ionizable groups and water in ion exchange membranes, Electrochimica Acta, 29 (1984) 151-158.

[8]   J.-H. Song, K.-H. Yeon, S.-H. Moon, Effect of current density on ionic transport and water dissociation phenomena in a continuous electrodeionization (CEDI), Journal of Membrane Science, 291 (2007) 165-171.

[9]   K. Moon-Sung, M. Seung-Hyeon, Preparation and application of anion-exchange membrane having low water-splitting capability, Membrane Journal, 13 (2003) 54-63.

이온교환막의
종류와 특성 분석

이온교환막의 분자구조와 요구성질
이온교환막의 종류
이온교환막의 분석 방법

03
이온교환막의 종류와 특성 분석

3.1 이온교환막의 분자구조와 요구성질

분자의 크기를 선별하는 일반적인 막은 기본적으로 막에서 물질을 배제하는 선택성과 빠른 속도로 용매를 통과시키는 투과도가 우수한 성능의 목표가 된다. 이온교환막은 양이온과 음이온이 혼합된 전해질에서 원하는 이온만 선택적으로 통과시키는 기능을 갖는다. 따라서 용매는 직접적으로 막을 통과하는 것보다 이온과 결합된 형태로 일부가 이동한다. 용매가 물인 경우, 모든 이온은 물분자와 결합한 형태로 이온교환막을 통과하므로 소량의 용매 이동을 수반한다. 여기에 설치나 운전시 막에 가해지는 기계적 압력과 막에 접촉하는 화학물질에 대한 안정성이 필요하다. 고분자 이온교환막의 화학적 구조는 막의 기계적 강도를 유지하는 소수성 고분자 주쇄에 친수성의 이온교환기가 결합된 형태로 제조된다. 이온교환기가 부착된 고분자는 물분자를 흡수하여 용해성을 갖게 된다. 많은 물을 흡수한 이온교환 고분자는 물리적으로 견고한 구조를 유지하지 못한다. 용해성을 억제하기 위해 고분자의 주쇄와 주쇄 사이를 결합한 가교구조를 형성하면 고분자는 강화된 물성을 갖는다. 가교도가 증가하면 기계적 강도가 증가하는 반면 막의 유연성을 떨어지고 이온의 투과도 지연

된다. 따라서 이온교환막의 분자구조는 ① 주쇄 물질의 선택과 분자량, ② 이온교환기의 선택과 이온교환용량, ③ 가교 물질의 선택과 가교 정도에 의해서 분자구조가 결정된다. 이온교환기는 주사슬이나 곁사슬side-chain에 부착된다. Fig. 3.1은 고분자 이온교환막의 AFMatomic force microscope 이미지이다. 이온과 수분이 주로 분포되었을 것으로 예상되는 친수성 부분이 어둡게 나타나고 막의 기계적 강도를 유지하는 소수성의 고분자 주쇄부분이 밝게 보인다.

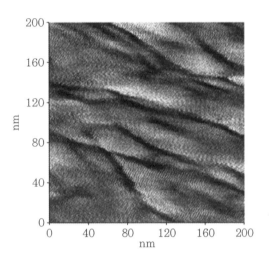

Fig. 3.1 AFM image of sulfonated poly(propylene oxide)(SPPO) cation exchange membrane

이온교환막의 요구성질

막의 분류에서 이온교환막과 역삼투막은 비다공성막으로 분류된다. 비다공성막은 건조상태에서 기공을 갖지 않는다는 뜻이다. 실제로는 이온이 통과하는 나노미터 크기의 이온채널이 있어 이온교환막의 선택성과 투과도에 영향을 끼친다. 이온채널은 전하를 띤 기능기가 배열되어 있어 수분을 흡수하여 이온이 전달되는 전해질의 역할을 담당한다. 수백 나노

미터나 마이크론 두께의 고분자 전해질을 이용한 다공성 막이 제조되어, 이온교환이나 이온의 선택적 투과 외에도 복합막 제조를 위한 지지체, 담지체, 흡착제 등으로 활용되고 있다. 분자량 200 이하 무기이온inorganic ion의 크기가 일반적으로 0.2~0.5 nm이며, 수화hydration 정도에 따라 실제 이동하는 분자의 크기가 달라진다[1].

이온이 이온교환막을 통과하는 원리는 도난평형에 의한 흡착sorption−확산diffusion/전기이동electromigration−탈착desorption이다. 이온교환막은 재료에 흡수된 수분에 의해 유연한 이온채널을 갖는다. 막의 선택성은 1차적으로 표면에서 일어나는 도난평형에 의해 결정된다. 평형반응에 의해 흡수된 이온은 이온채널을 따라 이동한다. 전기화학적 수처리 공정이나 에너지전환 공정에는 이온채널이 잘 형성된 이온교환막을 이용한다. 이온채널ion channel은 고분자구조의 사이에 있는 자유 물분자free water molecules가 연속적인 이온 통로를 이루는 1~5 nm 불균일한 직경을 가진 채널 형태의 구조를 말한다. 이온채널을 통해 막의 두께를 통과한 막은 반대편 표면에서 다시 평형반응에 의해 용액으로 흡수된다. 막의 두께를 통과하는 동안 이온채널은 이온의 크기나 전하에 따라 다른 속도를 보인다. 이 과정에서 속도론적인 선택성을 갖는다. 이온교환막에 필요한 낮은 전기저항과 높은 이온 선택성은 전기저항과 이동수로 평가한다. 전기저항은 옴의 법칙에 의한 저항이나 표준상태에서 측정된 이온의 전도도로 표시되고 이온의 이동수transport number(t)는 이온의 이동속도mobility(u)를 비교하여 결정된다. 그 외에도 산염기나 산화환원 조건에 대한 화학적 안정성과 대규모 장치에서 필요한 기계적인 강도가 필요하다.

이온교환막의 새로운 활용을 위해서는 특정한 이온의 선택적 분리나 특별한 성능을 지닌 기능성 막이 요구된다. 이러한 기능성 이온교환막의 이용 목적에 따라 특정 이온에 대한 선택성막, 막오염방지 이온교환막,

화학적 안정성이 뛰어난 불화탄소형 양이온교환막 등이 제조되었다.

3.2 이온교환막의 종류

3.2.1 불소계 이온교환막

이온교환막의 응용에서 가장 많이 전달되는 이온은 수소이온이다. 수소이온 전도체로 최초로 이용된 고분자 연료전지용 전해질 물질은 가교 구조의 Polystyrene-divinylbenze sulfonic acid와 술폰화된 페놀포름알데하이드의 탄화수소 형태의 고분자였다. 그런데 이 고분자의 C-H 결합이 끊어지는 현상을 발견했다. 이 현상을 극복하기 위해 polystyrene 고분자에서 불소치환된 styrene^{예: polytrifluorostyrene sulfonic acid}으로 대체되었다. 이후 새로운 전해질 물질인 불소계 고분자가 개발되고 Nafion$^{®}$이라는 이름으로 수소분자가 완전치환된 불화탄소형 양이온교환막이 상용화되었다. 불화탄소형 양이온교환막은 perfluorovinylether를 tetrafluoroethylene^{TFE}과 공중합시킨 후 TFE와 sulfur trioxide의 반응을 통해 고리형 술폰을 만들어 친수성과 소수성 분자구조를 결합하여, 친수성 기능기가 연결된 이온채널을 형성한 이온교환막이다. 공중합체 내의 -SO$_2$F 기능기는 가성소다와 반응하여 -SO$_3$Na으로 전환되어 양이온교환 기능을 갖게 되고 -CF$_2$SO$_2$F 기능기는 -COOH 기능기로 전환될 수 있다. Nafion$^{®}$ 막은 현재 가장 많이 사용되고 있는 불소계 양이온교환막으로 Perfluorinated sulfonic acid^{PFSA} 구조이다. (CF)$_{18}$-28SO$_3$H의 화학식을 가지며 고분자 구조는 Fig. 3.2와 같다.

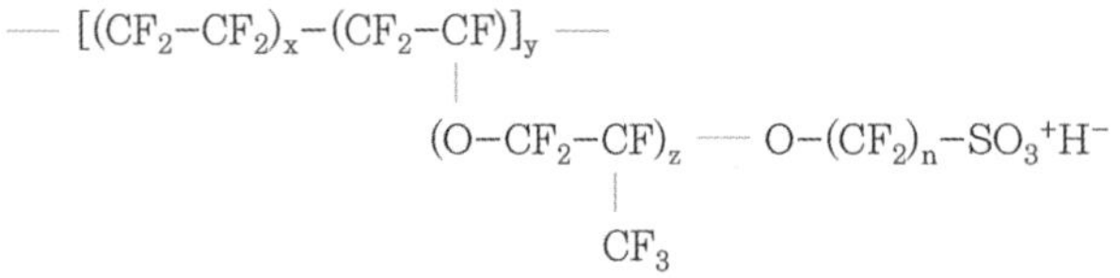

$$— [(CF_2-CF_2)_x-(CF_2-CF)]_y —$$
$$(O-CF_2-CF)_z — O-(CF_2)_n-SO_3^+H^-$$
$$CF_3$$

Fig. 3.2 Chemical structure of Nafion®. x and y represent molar compositions

상대이온으로는 H^+, Li^+, Na^+ 등의 양이온이 치환 가능하며 두께 0.02~0.2 mm와 당량equivalent weight, EW이 1,100g polymer/equivalent of ionic group 형태로 제조되고 있다. Nafion®은 테프론 구조와 유사한 불소탄화수소 고분자 주쇄에 불소치환 알킬에테르 곁사슬 말단에 술폰기가 공유 결합한 가지 형태의 고분자로, 양이온전도체인 산성분자가 고분자에 일차결합을 이루고 있어 이온전도체가 막 외부로 추출될 가능성이 없다. 이 산성분자의 수소이온은 이중결합이 없는 비교적 긴 곁사슬의 끝에 위치하고 있어 전해질 내에서 자유롭게 이동할 수 있기 때문에 높은 이온전도성을 갖는다. Fig. 3.3은 불소치환 고분자에 도입되는 다양한 형태의 곁사슬을 보여준다. 여기에는 sulfonic acid 그룹과 carboxylic acid 그룹이 있다.

PFSA의 분자량은 제조사마다 차이가 있어 정확히 결정하기 어려운데 대략 10^5~10^6으로 추측된다. PFSA의 우수한 이온전도성, 화학적 내구성 및 이온선택도로 인해 산화력이 있는 용액의 전기투석 외에 해수에서 NaOH를 생산하는 전해조의 분리막, 연료전지의 수소이온전도막으로 활용되고 있다. 완전 불소치환형 양이온교환막은 DuPont 외에도 Solvay, 3M, Asahi Kasei 등이 제조하고 있다.

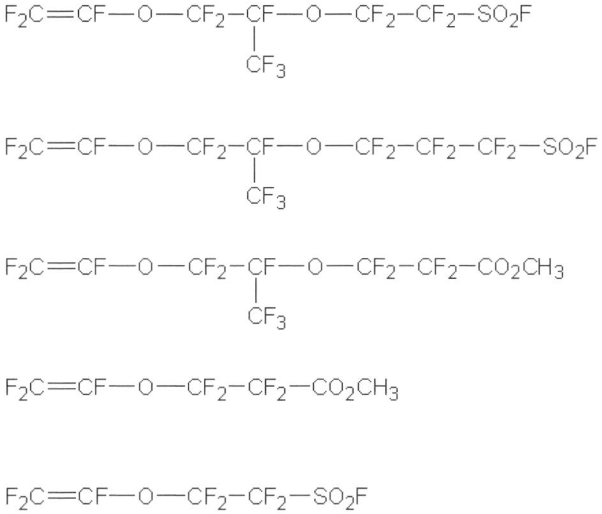

$$F_2C{=}CF{-}O{-}CF_2{-}CF{-}O{-}CF_2{-}CF_2{-}SO_2F$$
$$\overset{|}{\underset{CF_3}{}}$$

$$F_2C{=}CF{-}O{-}CF_2{-}CF{-}O{-}CF_2{-}CF_2{-}CF_2{-}SO_2F$$
$$\overset{|}{\underset{CF_3}{}}$$

$$F_2C{=}CF{-}O{-}CF_2{-}CF{-}O{-}CF_2{-}CF_2{-}CO_2CH_3$$
$$\overset{|}{\underset{CF_3}{}}$$

$$F_2C{=}CF{-}O{-}CF_2{-}CF_2{-}CO_2CH_3$$

$$F_2C{=}CF{-}O{-}CF_2{-}CF_2{-}SO_2F$$

Fig. 3.3 Various pendent types of fluorinated function groups

불소계고분자물질을 사용해 전해질막을 제조하는데, 당량(EW = 분자량/전하의 절댓값)이 900 이하의 경우 여러 극성용매에 용해되었지만 1,000 이상이 되면 크게 팽윤될 뿐 용해되지 않았다. Covich 그룹은 높은 비점의 아마이드 계열의 용매를 환류시켜 불투명한 용액을 얻었으며, 1980년대에 들어 DuPont사의 Grot 그룹과 Martin 그룹에 의해 새로운 용해법이 개발되었다[2]. 물과 알코올 혼합용매를 사용하여 고압가열기 내에서 가압하여 Nafion® 용액을 얻는 데 성공하였고 이렇게 얻어진 용액을 얇은 필름, 접착제, 복합 전해질막과 전극 코팅제로 사용하게 되었다.

이온채널

비이온성 고분자와 비교해서 이온성 고분자의 경우 함수율에 의해 그 물성에 큰 변화가 생기는데, 함수율은 이온성 고분자 내의 기능기의 영향을 받게 된다. 이러한 이온전도성 고분자의 경우 전해질의 내에 두 가지

상이한 성분이 존재하게 되는데 소수성의 불소계 고분자 골격과 친수성의 이온상이 그것이다. 제안된 구조로 수화이온상이 소수성의 연속상에서 분리되어 수화된 클러스터를 형성하는 형태로 이 클러스터들은 서로 연결되어 좁은 통로를 이루어 이온과 물의 이동경로가 된다. 전해질 내 물의 함량은 이온전도도에 큰 영향을 미치며 고분자와 양이온의 종류에 따라 변화된다. 특히 Nafion®의 높은 전도도는 Fig. 3.4와 같은 클러스터 형성과 클러스터와 클러스터가 이어진 이온채널에 기인한다.

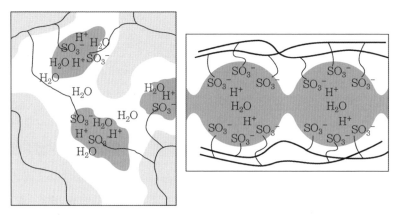

Fig. 3.4 Schematic illustration of microphase structure and transport model for the Nafion® membrane[3]

Hsu와 Gierke 그룹에서는 이온 클러스터 형성과 이온전달현상의 관계를 이론적으로 확립하였다. 흡습률, 당량EW 및 양이온 종류에 의존하는 이온 클러스터의 지름을 계산해 낼 수 있는 이론식을 세웠으며, 이로 인해 이웃한 두 이온 클러스터 간을 연결하는 짧은 통로들이 열역학적으로 안정하다는 사실을 예측할 수 있었다[4]. 이 이론에 따르면 전통적인 전달현상인 Donnan 평형을 따르는 일반 전해질막과는 달리 Nafion®의 경우 침투효과percolation에 의한 이동 형태를 갖는다. 즉 이온전달 및 전류 효율이 1차원적인 확산효과보다 3차원적인 침투클러스터 네트워크percolative cluster network 모델을 따르는 것으로 확인되었다. 침투이론에 의하면 이온의 임계 농도이상에서 전도도가 급격하게 증가한다. 한편 카르복실화된 불소계 고분자구조에서는 Nafion 막에 비해 매우 큰 확산 계수를 나타냈음에도 불구하고 물의 흡수율이 적은 것으로 확인되었다. 이는 이온교환막 클러스터 구조의 차이로 여겨진다. 카르복실화된 막의 경우 불화탄소의 침투현상이 적어 Nafion® 막에 비해 상분리현상이 크기 때문이다.

불소계막은 화학적인 안정성이 뛰어나고 충분한 수분이 공급될 때 전도도가 높은(0.2 S/cm) 장점이 있는 반면, 가격이 높고 고온에서 성능이 떨어지는 단점이 있어 각 용도별로 대체 물질의 개발도 이루어지고 있다. 부분불소계 물질의 이용과 지지체 기반의 복합막이 부분적인 대안으로 제안되고 있다. 높은 이온전도성을 갖는 다른 형태의 Nafion® 전해질막으로는 polythiophene 또는 phosphotungstic aicd, phosphomolybdenic acid, phosphotin acid와 같은 heteropolyacid를 Nafion®에 첨가한 복합형 전해질막이 있다. 지지체 기반의 복합형 불소계막은 4장에서 설명할 것이다.

3.2.2 부분불소치환형 이온교환막

이온전도성 전해질막 제조를 위해 비치환 alkene에 이온전도성을 띠는 기능성 alkene 또는 이온전도성 그룹을 갖는 전구체와 공중합체를 합성하는 방법이 널리 이용되었으며, 또 다른 방법으로는 먼저 alkene을 중합한 후 이온전도성 기능기를 도입하거나 arylene 방향족 주쇄에 술폰기를 도입하는 방법과 산−염기성 고분자의 블렌드로부터 제조하는 방법 등이 개발되었다. 그중에서 일부만이 상업화에 성공하였으며 대부분의 상업화된 전해질의 경우 그래프팅 방법으로 제조되고 있다.

γ선 조사 그래프팅 이오노머 막의 경우 부분불소치환 제조 공정을 보면 다음과 같다. 우선 완전 또는 부분불소화된 고분자예: poly(tetrafluoro ethylene-co-hexafluoroproplyene, poly(ethylene-alt-tetrafluoroethylene) 물질의 매트릭스 위에 방사선으로 라디칼 사이트를 형성한 후, 라디칼을 갖는 고분자 물질을 styrene과 divinylbenzene으로 팽윤시킨다. 팽윤된 고분자 내에서 그래프팅으로 poly(styrene-co-divinylbenzene)의 interpenetrating network IPN을 형성하게 된다. 여기에서 잔여 단량체를 제거한 후 chlorosulfonic acid와 dichloroethane 혼합 용액으로부터 스타이렌을 술폰화시키게 되면 이온전도성 고분자를 얻을 수 있다. 그래프트형 전해질막은 높은 이온전도성을 보이며, 부분불소계 고분자인 poly(vinylidene fluoride)PVDF 막의 경우 연료전지에 적용되기도 하였다[5]. Gupta과 Buchi는 γ-선을 사용하여 tetrafluoroethylene-co-hexa fluoro-propylene FEP에 polystrene sulfonic acid를 그래프트시켜 이온전도성을 갖는 막을 제조하였다. Buchi 그룹에서 연구한 FEP-grafted-polystyrene sulfonic acid FEP-g-SSA 경우 Nafion® 117보다 우수한 전기화학적 특성을 갖지만 높은 가스 투과로 인해 연료전지에 적용되었을 때 성능의 문제점이 나타났다[6]. Slade 그룹에서는 γ-선 대신 전자빔을 조사하는 방법으로 PVDF를 매트릭스로 styrene과 methyl benzene 용액을 사용하여 제조하였다. PVDF-grafted-PSSA(30% graft) 전해질막의 경우 상온에서 0.03 S/cm의 전도도와 전체 셀 저항 6.5 Ωcm²를 보였다. 직접메탄올 연료전지용으로 polyethylene과 ETFE를 사용하여 제조된 그래프트 전해질막은 낮은 메탄올 확산 계수를 나타내었고 단위셀에서 Nafion®에 상응하는 성능을 확인하였다. 기타 sulfonated 또는 phosphonated 고분자와 라디칼로 처리된 α,β,β-trifluorosytrene을 사용하여 여러 종류의 부분불소치환형 수소이온교환막이 제조되었다.

3.2.3 불소계 음이온교환막

불소계 양이온교환막과 같이 음이온교환막에서 화학적으로 안정한 이온교환막을 갖고자 하는 노력은 있었지만 아직 완전한 불소치환형 음이온교환막은 상용화되지 않았다. 지금까지 보고된 불소계 음이온교환막은 대부분 불소가 부분치환된 탄화수소계 고분자 기반으로 제조된 막이다. decafluorobiphenyl[DFB]와 4,4′-(hexafluoroisopropylidene) diphenol [BPAF]를 포함한 고분자를 기반으로 한 음이온교환막은 0.136 S/cm의 전도도를 보였으며 수소를 연료로 한 알칼린 연료전지에서 성능을 확인하였다. 그 결과 80°C 운전에서 158 mW/cm^2 전력밀도와 360 mA/cm^2 전류밀도를 보였다[7]. Poly(vinylidene fluoride-co-hexafluoro propylene) [PVDF] 고분자를 기반으로 한 부분불소계 음이온교환막은 전기투석 공정에서 성능을 확인하였다[8]. 그래프팅을 이용한 방법도 시도되었다. 그 예로 ethylene tetra-fluoroethylene[ETFE]에 감마선을 조사하여 표면을 활성화한 후 dimethylaminoethyl methacrylate[DMAEMA]를 부착하여 음이온교환막을 합성하였다[9].

3.2.4 탄화수소계 이온교환막

불소계 고분자의 경우 높은 가격과 직접메탄올 연료전지 적용 시 전해질막을 통한 메탄올의 투과현상이 문제가 되어 불소계 고분자를 대체할 수 있는 탄화수소계 고분자가 개발되고 있다. 불소가 치환되지 않은 최초의 탄화수소계 고분자는 페놀포름알데알데하이드 수지였다. Adams와 Holmes에 의해 술폰화된 페놀포름알데하이드 수지가 합성되었으며, 술폰화된 디비닐벤젠과 스타이렌 가교형 고분자를 얻었지만 화학적 안정성이 부족하였다. 그 이유는 α-H(α-C에 부착된 수소, 다시 α-C는 카보닐이나 알코올 같은 기능기에 연결된 첫 번째 탄소원자)가 3차 C-H 결합과 벤젠에 결합되어 있는 산소 원자에 의해 쉽게 hydroperoxide 라디칼을 형성하게 되고, 라디칼에 의해 고분자 사슬이 끊어지는 현상으로 확인되었다[10].

방향족 주쇄형 이온교환막

화학적 안정성을 개선하기 위해 여러 종류의 방향족 주쇄를 갖는 고분자막이 시도되고 있다. 불소계 고분자에 상응하는 화학적 기계적 안정성으로 Nafion®을 대체할 수 있는 이온교환막으로 주목받으며 술폰화를 통한 여러 종류의 방향족계 고분자를 이용한 이온전도성 고분자 합성이 이루어졌다. 대표적 방향족계 고분자로 poly(phenylene ether)s, poly(2,6-dimethyl-1,4-phenylenether), poly(2,6-diphenyl-1,4-phenylenether), poly(ethersulfone)s, poly(etherketone)s, poly(phenylenesulifide)s, poly(phenylquinoxaline), poly(benzimidazole) 및 기타 poly(imide)s와 poly(etherimide)를 들 수 있다. 방향족계 고분자 중 에스테르계의 경우 산성 수용액에서 화학적으로 불안정하며, 방향족 주쇄에 치환된 술폰기의 경우 180℃ 이하 온도의 산성 수용액상태에서는 안정하다. 따라서 산화, 환원제와 강산성에 대한 안정성을 고려할 때 polyimide, polysulfone, polyetherketone 등이 주목을 받고 있다. Polyimide의 경우 열적 안정성이 우수하지만 가수분해반응에 민감하다는 단점이 있다. 이를 보완하기 위해 나프탈렌 구조를 갖는 이미드를 이용하기도 했다. Poly ether ketone[PEK]와 poly(ether ether ketone)[PEEK]의 경우 결정성 고분자로 ketone 기가 백금 촉매에 의해 환원되거나 불안정한 benzyl기를 형성하는 단점이 있다. 반면 polyethersulfone의 경우 diphenyl sulfone, diphenyl ether 및 aromatic isopropylidene 구조를 갖는 비정질 고분자로 사슬이 유연하며 열적·기계적 물성이 우수할 뿐만 아니라 가수분해성 및 수소화반응성에 높은 저항성을 보이고 있어 연료전지용 이온교환막 물질로 이용되었다. Fig. 3.5는 이온교환막의 방향족 주쇄를 형성하는 주요 고분자들의 분자구조를 보여주고 있다.

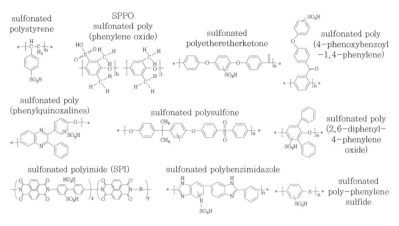

Fig. 3.5 Sulfonated aromatic polymers

한편 −P−N−P−N−P− 구조를 골격으로 갖는 polyphosphazene계 고분자를 이용한 양이온교환막은 직접메탄올 연료전지용으로 높은 이온전도도와 낮은 메탄올 확산 계수를 보였다[11].

고분자의 가교반응

균질한 술폰화된 방향족계 이온교환 고분자의 경우 이온교환능이 1.4 meq SO_3H/g 이상이 되거나 운전 온도가 80℃ 이상에서는 팽윤되어 기계적 안정성이 감소되는 문제가 있다. 따라서 이온전도도를 유지하면서 팽윤현상을 해결할 수 있는 방법으로 다양한 가교화반응이 연구되고 있다. 공유 결합을 통한 이오노머 가교화의 예는 술폰화 polystyrene−divinylbenzene을 들 수 있다. Divinylbenzene은 양이온교환막이나 음이온교환막을 제조할 때 단량체의 중합 시에도 이용하는 가교제이다. 술폰화된 polyethersulfone (Victrex®)의 공유 결합을 통한 가교화의 경우 술폰산기가 sulfonyl N-imidazolide으로 바뀌고 다시 4,4′-diaminodiphenylsulfone과 반응하여 sulfonamide 결합을 형성하며 가교화된다. 이 경우 강산성 조건에서 막의 화학적 안정성이 취약하다. Sulfonate기와 α, ω-dihalogenalkane와의 alkylation 반응을 통해 공유결합으로 형성된 가교분자는 열적 안정성은 증가하지만 건조 시 막이 딱딱하게 되어 기계적 강도가 저하되는 단점이 있다. 이온성 가교화의 경우 산성 고분자와 염기성 고분자 간 수소이온교환을 통해 물리적으로 가교화된다. 산성-염기성 고분자의 블렌드에 의한 가교화의 경우 가교화 정도가 낮거나, 공유결합에 의한 가교화에 비해 보다 유연한 특성을 갖는데 이는 이온 결합이 공유결합에 비해 유연하기 때문이다. Kerres 그룹에서는 산성 고분자인 술폰화된 PSU Udel®, 술폰화된 PES Vitrex®, 술폰화된 polyetheretherketone과 염기성 고분자인 polybenzimidazole PBI Celazole®, polyethylenimine, Poly(4-vinyl pyridine)P4VP과의 블렌드를 통해 이온성 가교화를 연구하였다. 제조된 산-염기 이온결합성 가교 막의 경우 280~350°C의 높은 온도에서도 안정하였다[12].

고온용 유무기 복합형 이온교환막

무기산inorganic acid을 함침한 탄화수소계 막이 고온용 이온교환막으로 개발되었다. 대표적으로 polybenzimidazolePBI에 phosphoric acid 또는 sulfuric acid를 도핑한 형태가 있다. Polybenzimidazole을 11 M phosphoric acid에 함침시켜 제조할 경우 130~150°C의 온도에서 높은 수소이온전도도를 가지며 이는 Nafion®이 건조현상에 의해 낮은 전도성을 갖는 온도 범위에 해당한다. 기존의 Nafion®에 비해 생산비용 면에서 유리하지만 염기성 고분자에 비해 인산이 과량으로 존재하게 될 때 인산 분자가 막 외부로 확산되어 나오는 단점이 있다. 그러나 100°C 이상에서 높은 이온전도성에 때문에 특히 직접메탄올 연료전지용으로DMFC 이용되며, 몰비를 초과해 흡수된 인산은 추출될 수 있으므로 기화된 연료에서만 이용 가능하다. 기타 poly(vinyl alcohol), poly(ethylenoxide)/poly(methyl methacrylate), poly(acrylamide)/poly(ethylenoxide) 등의 인산 함침 고분자가 연구되고 있으나 젤 상태의 고분자로 산화 안정성의 개선이 필요하다. 다른 형태의 수소이온 복합전해질막으로 술폰화된 polyetheretherketone에 imidazole, pyrazole 같은 산/염기 양쪽성 저분자가 도핑된 구조에서는 수소이온이 산성기로부터 두 성분의 염기성 아민기로 이동하게 되어 imidazolium과 pyrazolium 양이온을 형성하게 된다. 이 양쪽성 이온들은 수소이동 매체로 작용하여 물이 존재하지 않아도 수소이온전도성을 갖게 된다. 따라서 100°C 이상에서 이용될 수 있다. J. Jang et al.은 polypropylene oxidePPO에 triazole, imidazole, benzimidazole 기능기를 부착하고 인산을 도핑하여 막의 성능을 비교하였다. 이 가운데 imidazole을 기능기로 이용한 막의 전도도가 150°C에서 130 ms/cm로 가장 높았으며 triazole과 benzimidazole을 부착한 막은 각각 114 ms/cm, 102 mS/cm의 전도도를 보였다. 150°C에서 수행한 수소연료전지 성능평가에서 imidazole 기능기를 가진 막이 최대 전력밀도 0.2 W/cm^{2}를 보였다[13].

또는 졸-겔 법으로 나노무기입자를 이오노머 매트릭스에 분산시켜 나노 복합형 막을 제조할 수 있다. 나노 크기의 무기입자를 사용할 경우 표면 증가 효과로 인해 수분함유량이 증가하게 되어 이온전도성이 증가한다. 졸-겔 공정의 핵심 기술은 이오노머 매트릭스 내에 무기 전구체의 가수분해반응을 통한 무기산화물 또는 산화물과 수산기의 가교화를 거치는 합성 과정이다. 예로서 이오노머 매트릭스가 물과 알코올의 혼합용매에 팽윤된 후 tetraethoxysilane[TEOS]과 같은 전구체의 알코올 혼합용액에 함침된다. 함침 과정에서 이오노머 클러스터 내의 황산 촉매에 의해 전구체가 가수분해된다. 무기물함량에 제한이 있지만 나노복합막의 경우 100°C 이상에서 사용 가능하다[14]. 미세 기공이 발달된 aerosol SiO_2 (3%)를 Nafion$^{\circledR}$에 결합하여 복합형 막을 제조하게 되면 SiO_2가 기공 속에 물을 함유하게 되어 145°C의 높은 온도에서 수소이온전도성을 갖게 된다.

3.2.5 양/음이온기가 동시에 도입된 이온교환막

양이온교환기와 음이온교환기를 동시에 갖는 이온교환막들이 있다. 이 막들은 그 용도에 따라 다양한 형태의 구조를 가지고 있다. 먼저 바이폴라막[bipolarion exchange membrane]은 양이온교환층과 음이온교환층이 접착되어 있는 두 층의 이온교환막이다. 양이온교환층은 수소이온을 음이온교환층은 수산이온을 통과시킨다. 수처리 공정에서는 바이폴라막의 접촉면에서 물이 분해하여 인접한 액실에서 산과 알칼리용액을 생산하게 된다. 에너지전환 공정에서는 바이폴라막의 접촉면에서 수소이온과 수산이온이 중화되면서 전위가 형성되어 전기를 생산한다. 연료전지에서는 전해질막의 가습 방법으로 이용되기도 한다.

양이온교환기와 음이온교환기가 균일한 분포를 이루어 형성된 이온교환막을 양쪽성이온교환막이라고 한다. 양쪽성이온교환막은 amphoteric 이온교환막[AIEM] 또는 zwitterion 이온교환막[ZWIEM]으로 표시한다. Amphoteric은 물리적으로 양이온교환기와 음이온교환기를 동시에 가지고 있는 물질을 말하고 zwitterion은 한 분자 안에 두 가지 이상의 기능기가 있어 pH에 따라 전하가 달라지는 이온성 물질을 뜻하는 이온화학의 용어이다. 따라서 AIEM과 ZWIEM을 같은 의미로 이용하기도 하고, ZWIEM을 AIEM의 일부 물질에서 관찰되는 현상으로 이해하기도 한다. 특히 ZWIEM은 4차 암모늄과 산이 결합한 phosphobetaine, carboxybetaine, sulfobetaine 같은 양쪽성기능기와 고분자가 결합된 물질을 기저막의 표면에 그래프팅이나 딥코팅으로 처리하여 멤브레인의 표면을 개질하는 목적으로 많이 이용된다. ZWIEM의 표면전하가 영이 되는 pH를 등전점isoelectric point이라고 하고, 이온성 물질이 표면에 결합하는 것을 방지하는 조건이 된다. 개질된 멤브레인은 막오염 방지와 성능 향상에 기여한다[15,16]. 이 막들의 제조 방법은 4장에 설명되었다.

3.2.6 다공성 이온교환막

일반적으로 이온교환막은 나노스케일의 이온채널이 있으나 유체의 흐름이 있는 기공은 없는 막이다. 따라서 다른 막 공정에 비해 이온교환막 공정은 투과속도가 낮고 에너지 소모가 크다. 최근 이온교환막 공정 중 높은 선택성이 필요하지 않으며, 투과속도의 개선이 필요한 공정에서 다공성 이온교환막의 응용이 시도되고 있다. Kim et al.은 다공성 이온교환막을 미생물연료전지에 적용하였다. Fig. 3.6에서와 같이 1단계로 부분 불소치환 재료인 PVDF를 원료로 상전이법을 이용하여 다공성막을 제조하였다. 2단계로 다공성막의 기공을 산화제인 BPO를 이용한 화학적 그래프팅 방법으로 활성화한 후 3단계로 술폰화하였다. 기공의 크기는 약 10 nm로 측정되었으며, 수소이온의 이동수는 0.97로 양이온교환막으로 충분한 선택성을 나타냈다. 미생물연료전지air cathode microbial fuel cell의 장기운전에서 제조된 비다공성막을 이용하여 우수한 성능을 보였다[17].

일반적인 이온교환막층과 수백 nm 기공을 포함한 두 층이 결합된 다중스케일multiscale 다공성 이온교환막을 개발하여 탈염 공정의 에너지를 절감한 사례도 보고되었다[18]. 여기에서는 결정체 형태의 염과 Nafion®

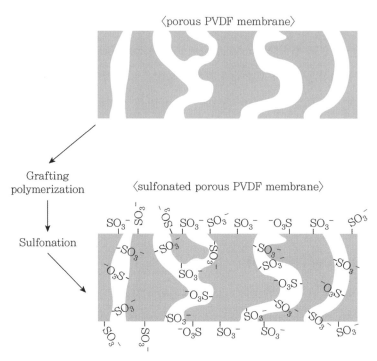

Fig. 3.6 Nanoporous cation exchange membrane prepared by phase separation and chemical grafting

용액을 혼합하여 50~200 nm 수준의 다공성을 막을 0.2 mm 두께로 형성한 다음 이 막의 표면에 순수한 Nafion® 용액으로 코팅하였다. 다공성 막은 막의 표면에서 대류현상을 일으켜 확산층 내에서 일어날 수 있는 농도분극현상을 감소시켜 전기저항을 감소한다. 이 막을 탈염 공정에 적용하여 전력소비량을 70%까지 절감시킬 수 있었다. 이 외에도 다공성 PBI 이온교환막은 흐름전지의 분리막으로 이용되고 있다[19]. 상전이법으로 제조된 Brominated poly(phenylene oxide)BPPO 기반의 다공성 음이온 교환막은 확산투석 공정에 적용되었다[20].

3차원 다공성 구조를 갖는 고분자 물질을 내재적 미세다공성 고분자 polymer of intrinsic microporosity, PIM라고 한다. 이 물질은 전극표면의 확장을 위해 고분자나 탄소전극의 비표면을 높여 전극표면에서 발생하는 기체가 빠져나오거나 반대로 전극에서 기체가 흡수되는 반응을 촉진하는 전극 재료나 캐패시터 재료로 이용되었다. 최근에는 기공을 조절하고 이온교환능력을 부가하여 배터리, 연료전지, 흐름전지 등에도 이용이 확대되고 있다. 기공의 크기와 분포를 조절하기 위해서는 빈용매non-solvent를 포함한 상전이법이나 열분해법을 이용한다[17].

3.3 이온교환막의 분석 방법

전기투석과 같은 수처리 공정에 이용되는 이온교환막은 양이온과 음이온 중 한 이온을 통과시키고 상대이온을 배제하는 높은 선택성을 가져야 한다. 이온교환막이 유체의 흐름이 있는 수화된 상태에서 이용되므로 기계적 강도도 유지해야 한다. 시스템에 유입되는 원수나 제품의 pH가 크게 변하고, 강산이나 강염기 조건에서 운전되는 경우도 고분자의 골격이나 이온교환기능기의 안정성이 유지되어야 한다.

연료전지의 전해질막은 양극에서 생성된 수소이온이나 음극에서 생성된 수산이온을 반대전극으로 이동하는 통로를 제공할 뿐만 아니라 수소 및 메탄올 등의 연료와 산소가 전지 내부에서 서로 섞이거나 접촉하는 것을 방지하고 외부로 유출되는 것을 막는 차단막 역할을 수행한다. 따라서 연료전지에 사용되는 전해질막이 갖추어야 할 요건은 전하수송이온charge carrier ion에 대한 전도성이 높아야 하고, 전자전도성이 없어야 하며, 낮은 연료 투과도를 유지해야 하고, 화학적·기계적·열적 안정성을 갖추어야 한다. 여기에서는 이온교환막의 주요 물성을 측정하는 방법을 요약하였다.

3.3.1 수소이온전도도

면방향의 이온전도도

　수소이온전도도Proton Conductivity는 Fig. 3.7과 같은 4전극 셀을 이용해서 간편한 방법으로 측정할 수 있다. 수소이온전도도는 임피던스 분석를 이용해 1 MHz~1 mHz의 주파수 범위에서 일정한 전류를 공급해 전기화학적 거동을 관찰하여 분석한다.

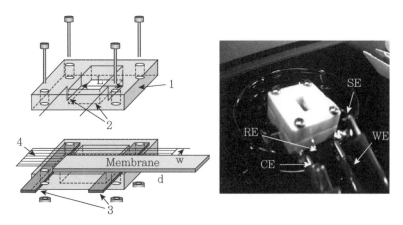

Fig. 3.7 4-probe electrochemical impedance cell for proton conductivity measurement: 1, Teflon block; 2, Pt wires; 3, Pt foils; 4, membrane sample(4 cm×1 cm)

　수소이온전도도 셀에 인가되는 전류의 흐름과 막의 결합상태를 고려했을 때, 궁극적으로 발생하는 수소이온 전도특성은 막의 평면방향으로 측정된다. Fig. 3.7의 3에 해당하는 전극에 의해 전류가 평면방향으로 인가되면, 2에 해당하는 기준전극과 센서전극이 역시 평면방향으로 위치하여 저항 값을 도출한다. 인가되는 전류파에 의한 impedance 값의 형태는 Nyquist method에 의해서 impedance R 값을 측정하게 된다. 이에 해당하는 등가회로equivalent circuit는 Fig. 3.8에 나타내었다.

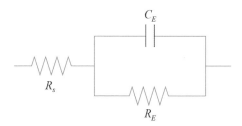

Fig. 3.8 Equivalent circuit for proton conductivity measurement cell

여기서 R_E와 C_E는 전극과 막의 계면에서 생기는 농도분극 저항과 막 표면의 축전용량을 나타내며, R_S는 측정 조건에서 대상 샘플인 고분자 전해질막에 해당하는 저항으로 이온의 전도에 해당하는 저항이 된다. 측정 시 고주파에서 저주파로 전류파가 인가되면서, 고주파 영역에서 x축과의 교점, 즉 위상차 값이 '0'일 때의 실제 저항이 R_S가 된다. 따라서 이렇게 측정한 고분자 전해질막의 임피던스 R_S 값을 아래의 Eq. 3.1을 이용해 수소이온전도도 값(σ)을 구한다.

$$\sigma = \frac{L}{RWd} \qquad\qquad (Eq.\ 3.1)$$

여기서 σ는 수소이온전도도(S/cm), L는 전압 측정을 위한 전극 사이의 거리(1 cm), R은 고분자 전해질막의 impedance R_S(ohm), W는 막의 너비(cm) 그리고 d는 막의 두께(cm)이다. 실질적으로 Fig. 3.8의 등가회로는 1장의 Fig. 1.15와 같은 형태이므로 1장의 임피던스 분석 방법을 응용할 수 있다.

두께방향 이온전도도(through plane conductivity)

일반적으로 이온교환막의 제조 방법으로 고분자용액을 평판에 캐스팅한 후 건조하는 과정을 거친다. 막은 최대 1 m의 폭에 수십에서 수백 μm 두께를 가진다. 외형적으로는 2차원적인 형태이다. 또한 균일한 고분자 물질의 구성을 유지하여 면방향과 두께방향through plane의 물성의 변화가 크지 않을 것으로 보인다. 그러나 이온의 전달이 막 표면과 수직방향으로 일어나는 것을 고려하면 두께방향 전도도가 실제 공정에 영향을 미치는 성질이다. 또한 4장에서 설명할 이온교환막 내부의 이온전달 분자구조를 두께방향으로 조절하는 방법을 이용한다면 두께방향의 전도도를 측정할 필요가 있다. 막의 안정성을 높이기 위해 이용하는 지지체의 경우에도 기공의 배열이 3차원적인 구조를 갖는다. 이 경우에 막의 표면에서 전도도를 측정할 경우 지지체의 영향이 배제된다. 1장에서 소개된 클립셀의 경우에도 두께방향의 저항을 측정하는 방법이다. 클립셀은 수용액상태의 표준조건에서 이온교환막의 전도도를 쉽게 측정할 수 있는 장점이 있지만, 다양한 온도와 습도조건에서 전도도를 측정하는 데는 한계가 있다. 여기에서 주위환경이 제어되는 조건에서 두께방향의 전도도를 측정하는 방법을 설명하고자 한다.

이온교환막의 전도도에 영향을 주는 중요한 인자는 1차적으로 이온교환용량이고 2차적으로는 이온교환기능기functional group가 활동할 수 있는 환경에 있다. 즉 온도, 수분함량, 물리적인 통로 등이다. 백금선을 이용하는 4전극 방법과는 달리 넓은 면적의 전극을 갖는 경우에는 접촉저항이 고려되어야 한다. 외부적으로는 압력이 전도도에 영향을 준다. 압력을 높이면 막과 전극 표면의 접촉을 밀접하게 하여 접촉저항을 줄이는 반면 막의 수분함량을 감소시킨다. 실제 이온교환막이 스택에서 이용될 때 누수를 방지하기 위해 어느 정도의 압력조건에서 이용된다. 압력에 따라 흡수율이 변하고 전기전도도가 변하게 된다. Fig. 3.9는 이러한 물리화학적인 요인을 고려하여 설계된 두께방향 이온전도도 측정 셀의 모형과 임피던스 분석을 위한 등가회로이다[21].

  Fig. 3.10은 위의 개념에 따라 제작된 전기전도도 측정장비이다[21]. 이 장치를 이용하여 압력을 변화시키면서 막의 두께와 저항을 측정하면 전극이 가지는 고유 저항과 막의 저항을 압력의 함수로 계산할 수 있다[21].

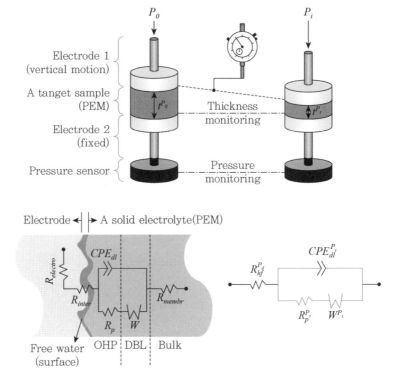

Fig. 3.9 Through-plane conductivity electrode. (a) electrical circuit model within a sensing electrode, (b) its equivalent circuit[21](Reproduced with permission of Elsevier)

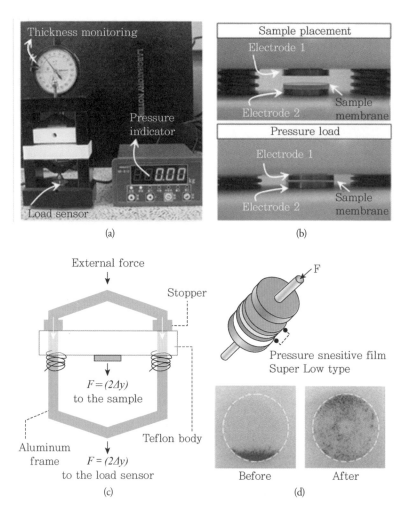

Fig. 3.10 Device for simultaneous measurements of pressure-dependent thickness and resistance. (a) whole device, (b) pressure sensor, (c) force bar, (d) adjustment of electrode contact[21](Reproduced with permission of Elsevier)

3.3.2 메탄올 투과도(Methanol Permeability)

메탄올 투과도 실험은 Fig. 3.11과 같은 확산 셀을 이용하여 측정할 수 있다.

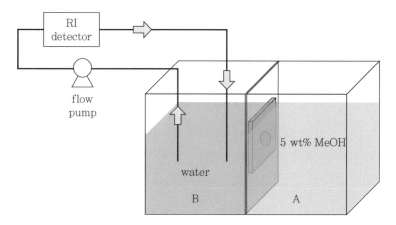

Fig. 3.11 Schematic diagram of a diffusion cell for methanol permeability measurement equipped with RI detector

메탄올 투과도 측정을 위해 확산 셀의 한쪽 용액compartment A에는 5 wt% 메탄올 수용액을 채우고 다른 쪽 용액compartment B(V_B)에는 초순수를 채운다. 실험 시 일정한 속도로 교반을 시켜주고 용액A에서 용액 B로 확산된 메탄올 농도변화는 굴절율의 변화로 측정한다. 메탄올 투과도는 시간에 따른 농도 변화를 측정하여 아래의 식(Eq. 3.2)의 기울기로부터 계산된다.

$$C_B(t) = \frac{A}{V_B}\frac{D}{L}(t - t_0) \qquad \text{(Eq. 3.2)}$$

여기서 $C_B(t)$ 는 시간 t 에서의 용액조 B 의 메탄올 농도, C_A 는 용액조 A 의 메탄올 농도, V_B 는 용액조 B 의 부피, L 은 막의 두께, A 는 막의 유효면적 그리고 D 는 메탄올 투과도이다.

3.3.3 수소가스 투과도

연료전지막을 고분자 전해질연료전지에 운전 시 공급되는 가스의 투과에 의해 성능이 감소하게 된다. 특히 장기 운전 시 셀 성능을 낮추는 원인이 되므로 연료전지막의 수소 투과도H₂ crossover를 측정하여 막의 장기 안정성을 평가하기도 한다. 수소 투과도 측정을 위해 연료전지에 양쪽 셀에 수소와 질소를 각각 공급한다. 질소 공급 셀에 남아 있던 산소로 인하여 전지의 OCVopen circuit voltage가 일정시간 유지될 수 있으므로 OCV가 0 근처로 떨어질 때까지 기다린 후 수소 쪽에 기준전극, 질소 쪽에 작업전극을 각각 연결하고 대시간전류법 또는 선형주사 전압전류법으로 전류를 측정한다. 대시간 전류법 측정 시 인가하는 전압을 0.8 V로 하고 선형주사 전압법의 경우 0~0.5 V로 전압을 주사한다. 질소는 위 조건에서 전기화학적으로 반응할 수 없기 때문에 전압인가에 따른 전류는 투과된 수소의 산화반응에 기인한다. 실험 결과 얻어진 전류를 기준으로 하여 상대적인 수소 투과도를 결정한다. 실험에서 얻어지는 값을 이용하여 실험 전후 막의 수소 투과도 변화 또는 기준이 되는 막예: Nafion®과의 투과도를 비교할 수 있다. 투과된 수소의 양을 정확히 계산하기 위해서는 질소극에서 배출되는 가스를 포집하여 기체크로마토그래피로 측정한다.

3.3.4 산화적 안정성(Oxidative stability)

연료전지의 열화특성은 연료전지의 장기 안정성을 대표할 수 있는 물성으로 고려된다. 특히 연료전지의 열화 중 고분자 전해질막의 화학적 열화는 연료전지 운전 시 발생하는 하이드록실 라디칼에 의한 막의 화학적 산화가 주요 이론이다. 이를 위해 과산화수소와 같은 가속산화 조건에서 화학적 안정성을 조사한다. 3 wt% 과산화수소에 4 ppm $FeCl_2$를 첨가한 펜톤 산화조건에서 60°C로 가열하며 시간에 따른 고분자 전해질막의 산화적 열화를 건조무게 변화로 관찰한다. 이러한 조건은 막의 분해가 쉽게 일어나 짧은 시간 안에 안정성을 평가한다는 장점이 있으나, 안정성이 비교적 낮은 비불소계막에 있어 그 차이가 분명하지 않다. 따라서 비불소계막에 대하여 $FeCl_2$이 첨가되지 않은 3 wt% 과산화수소용액을 사용하여 안정성을 평가하기도 한다. 안정성 평가 시 건조무게의 변화와 함께 수소이온전도도, 이온교환용량, 함수율 등을 함께 분석하면 정확한 결과를 얻을 수 있다.

3.3.5 이온교환용량

이온교환용량ion exchange capacity은 막에 고정되어 있는 기능기(양이온교환막: $-RSO_3^-$, 음이온교환막: $-R_4N^+$)의 양을 나타내는 지표이다. 양이온교환막은 염이나 산용액에서 양이온교환기를 치환한 후 흡착량을 적정하고, 음이온교환막은 염이나 알칼리용액에서 음이온교환기를 치환한 후 흡착량을 적정함으로써 측정할 수 있다. 양이온교환막에 대한 이온교환용량은 다음과 같은 과정을 거쳐 측정된다[22].

(1) 측정하고자 하는 이온교환막 시료를 고농도의 HCl 용액(보통 0.5 M HCl)에 24시간 동안 담가두어 이온교환막 내의 기능기가 이온화된 형태(예: $-SO_3H$)로 존재하도록 한다.

(2) 산용액에서 평형상태에 이른 이온교환막 시료를 증류수로 씻어 막 표면에 남아 있는 산용액을 제거한다.

(3) 이온교환막 시료를 다시 염용액(예: 1 mol/L NaCl)에 담가 염용액 속의 양이온이 이온교환막 내에 있는 H^+ 이온을 치환하도록 한다.

(4) 염기용액(예: 0.1 M NaOH)으로 적정하여 치환된 H^+ 이온의 양을 측정한다.

(5) 마지막으로 이온교환막 시료를 건조시켜 무게를 측정하고 다음 식에 의해 이온교환용량을 계산한다.

$$X = \frac{V_{NaOH}C_{NaOH}}{m_{dry}} \left[\frac{meq}{g_{dry}} \right]$$
(Eq. 3.3)

음이온교환막에 대한 이온교환용량도 양이온교환막과 비슷한 과정을 거쳐 측정된다[23]. 그러나 많은 음이온교환막들은 높은 pH 조건에서 이온교환막의 기능기(예: $-R_4N^+$)의 화학적 안정성chemical stability이 낮기 때문에 강염기성 용액을 사용해서는 안 된다.

(1) 측정하고자 하는 이온교환막 시료를 0.5 M NaCl 용액에 담가두어 작용기를 Cl^- 이온으로 모두 치환시킨다.

(2) NaCl 용액에서 평형상태에 이른 이온교환막 시료를 증류수로 씻어 막 표면에 남아 있는 NaCl을 제거한다.

(3) 이온교환막 시료를 다시 0.5 mol/L Na_2SO_4에 담가두어 음이온교환막 내의 Cl^- 이온이 SO_4^{2-}와 치환되도록 한다.

(4) 0.01 $AgNO_3$ 용액으로 적정하여 치환되어 나온 Cl^- 이온의 양을 측정한다.

(5) 마지막으로 이온교환막 시료를 건조시켜 무게를 측정하고 다음 식에 의해 이온교환용량을 계산한다.

$$X = \frac{V_{AgNO_3}C_{AgNO_3}}{m_{dry}} \left[\frac{meq}{g_{dry}} \right]$$
(Eq. 3.4)

3.3.6 수분함량

이온교환막은 전하를 띤 작용기가 고분자에 고정되어 있기 때문에 용액 속에 있을 때 삼투osmosis현상에 의해 막이 부풀어 오르는 현상swelling이 생긴다. 이 현상은 이온교환막의 선택성을 떨어뜨릴 수 있기 때문에 가교도를 통해 흡수율을 조절하게 된다. 이온교환막의 수분함량water content은 막 내부의 간극interstitial phase에 존재하는 수분의 양을 측정하는 것이다. 측정하고자 하는 이온교환막을 적당한 크기(4×4 cm^2)로 절단하여 증류수에 담가놓아 평형상태에 이르도록 한다. 그 다음 막 표면의 수분을 제거한 후 젖은 상태에서의 무게를 측정(W_{wet})한다. 시료를 건조기(70~80℃)에 넣어 건조시킨 후 무게(W_{wet})를 측정한 다음 아래 식을 이용해 수분함량을 계산한다.

$$WC = \frac{W_{wet} - W_{dry}}{W_{dry}} \times 100 \, [\%] \qquad \text{(Eq. 3.5)}$$

3.3.7 전해질막의 열분석

열분석thermogravimetric analysis은 일정량의 시료를 상온에서 1,000℃까지 가열하여 무게의 변화를 관찰하는 실험이다. 수분의 함량, 화학적 분해를 측정하고 열안정성을 판단할 수 있다. 고분자 전해질막의 경우 온도가 상승함에 따라 수분의 증발(100~200℃), 이온교환 기능기의 분해(200~400℃), 고분자 주쇄의 분해(400~600℃), 고분자의 연소(600℃ 이상)로 생기는 무게의 감소가 관찰된다. 열분석은 이온교환막의 구조적 안정성을 판단하는 데 이용된다[23,24].

3.3.8 FTIR과 NMR

단량체를 중합하여 고분자를 만들고 기능기를 첨가하여 이온교환막을 만들 경우, 지지체를 이용하여 그래프팅을 하는 경우, 또는 선형의 고분자구조를 가교할 경우, 분자구조의 변화가 일어난다. 이러한 변화에서 분자구조를 확인하는 대표적인 방법이 FTIR^{fourier transform infra-red} 분석이다. 유기물의 특정한 결합은 특정한 자외선영역 파장의 빛을 흡수하게 된다. 따라서 자외선의 흡수 스펙트럼의 피크위치에서 원하는 분자결합이 형성되었는지 확인하는 방법이다[25]. 고체와 액체상태의 시료 분석이 가능하다. 분자구조를 해석하는 다른 방법으로 NMR^{Nuclear Magnetic Resonance 또는} 핵자기공명 기술이 있다. NMR은 외부에서 가해진 강력한 자기장에 의해 정렬된 스핀의 원자핵에너지를 RF^{radio frequency}에 동조시켜 해당 원자의 주변환경을 조사하는 분석 방법이다. 수소원자나 탄소원자가 주변의 같은 원자와 결합되어 있는 상태를 측정하여 분자구조를 유추할 수 있다[24]. 일반적으로 액체상태의 시료를 분석할 수 있으며, 고체 시료를 고속으로 회전시켜 공명신호를 검출하는 NMR^{Solid NMR} 방식도 있다.

참고문헌

[1] H. Ohtaki, Ionic Solvation in Aqueous and Nonaqueous Solutions, in: W. Linert (Ed.) Highlights in Solute-Solvent Interactions, Springer Vienna, Vienna, 2002, pp. 1-32.

[2] C.R. Martin, T.A. Rhoades, J.A. Ferguson, Dissolution of perfluorinated ion-containing polymers, Analytical Chemistry, 54 (1982) 1639-1641.

[3] S. Fujinami, T. Hoshino, T. Nakatani, T. Miyajima, T. Hikima, M. Takata, Morphological changes of hydrophobic matrix and hydrophilic ionomers in water-swollen perfluorinated sulfonic acid membranes detected using small-angle X-ray scattering, Polymer, 180 (2019) 121699.

[4] T.D. Gierke, W.Y. Hsu, The Cluster-Network Model of Ion Clustering in Perfluorosulfonated Membranes, in: Perfluorinated Ionomer Membranes, AMERICAN CHEMICAL SOCIETY, 1982, pp. 283-307.

[5] F. Sundholm, M. Elomaa, J. Ennari, S. Hietala, M. Paronen, New polymer electrolytes for low temperature fuel cells, in, ; Helsinki Univ. of Technology, Otaniemi (Finland). Advanced Energy Systems and Technologies, 1998, pp. Medium: ED; Size: pp. 79-81.

[6] B. Gupta, F.N. Büchi, G.G. Scherer, A. Chapiró, Materials research aspects of organic solid proton conductors, Solid State Ionics, 61 (1993) 213-218.

[7] X.L. Gao, L.X. Sun, H.Y. Wu, Z.Y. Zhu, N. Xiao, J.H. Chen, Q. Yang, Q.G. Zhang, A.M. Zhu, Q.L. Liu, Highly conductive fluorine-based anion exchange membranes with robust alkaline durability, Journal of Materials Chemistry A, 8 (2020) 13065-13076.

[8] A.K. Singh, S. Kumar, M. Bhushan, V.K. Shahi, High performance cross-linked dehydro-halogenated poly (vinylidene fluoride-co-hexafluoro propylene) based anion-exchange membrane for water desalination by electrodialysis, Separation and Purification Technology, 234 (2020) 116078.

[9] J. Qiu, M. Li, J. Ni, M. Zhai, J. Peng, L. Xu, H. Zhou, J. Li, G. Wei, Preparation of ETFE-based anion exchange membrane to reduce permeability of vanadium ions in vanadium redox battery, Journal of Membrane Science, 297 (2007)

174-180.

[10] B. Adams, E. Holmes, Synthetic resins and their use, Fr, in, Patent, 1936.

[11] Q. Guo, P. N. Pintauro, H. Tang, S. O'Connor, Sulfonated and crosslinked polyphosphazene-based proton-exchange membranes, Journal of Membrane Science, 154 (1999) 175-181.

[12] W. Zhang, C.M. Tang, J. Kerres, Development and characterization of sulfonated-unmodiftied and sulfonated-aminated PSU Udel® blend membranes, Separation and Purification Technology, 22-23 (2001) 209-221.

[13] J. Jang, D.-H. Kim, C.-M. Min, C. Pak, J.-S. Lee, Azole structures influence fuel cell performance of phosphoric acid-doped poly(phenylene oxide) with azoles on side chains, Journal of Membrane Science, 605 (2020) 118096.

[14] K.A. Mauritz, Organic-inorganic hybrid materials: perfluorinated ionomers as sol-gel polymerization templates for inorganic alkoxides, Materials Science and Engineering: C, 6 (1998) 121-133.

[15] A. Mollahosseini, A. Abdelrasoul, A. Shoker, Latest advances in zwitterionic structures modified dialysis membranes, Materials Today Chemistry, 15 (2020) 100227.

[16] M. He, K. Gao, L. Zhou, Z. Jiao, M. Wu, J. Cao, X. You, Z. Cai, Y. Su, Z. Jiang, Zwitterionic materials for antifouling membrane surface construction, Acta Biomaterialia, 40 (2016) 142-152.

[17] Y. Kim, S.-H. Shin, I.S. Chang, S.-H. Moon, Characterization of uncharged and sulfonated porous poly(vinylidene fluoride) membranes and their performance in microbial fuel cells, Journal of Membrane Science, 463 (2014) 205-214.

[18] H.J. Kwon, B. Kim, G. Lim, J. Han, A multiscale-pore ion exchange membrane for better energy efficiency, Journal of Materials Chemistry A, 6 (2018) 7714-7723.

[19] L. Gubler, D. Vonlanthen, A. Schneider, F.J. Oldenburg, Composite Membranes Containing a Porous Separator and a Polybenzimidazole Thin Film for Vanadium Redox Flow Batteries, Journal of The Electrochemical Society, 167 (2020) 100502.

[20] J. Lin, J. Huang, J. Wang, J. Yu, X. You, X. Lin, B. Van der Bruggen, S. Zhao,

High-performance porous anion exchange membranes for efficient acid recovery from acidic wastewater by diffusion dialysis, Journal of Membrane Science, 624 (2021) 119116.

[21] S.-H. Yun, S.-H. Shin, J.-Y. Lee, S.-J. Seo, S.-H. Oh, Y.-W. Choi, S.-H. Moon, Effect of pressure on through-plane proton conductivity of polymer electrolyte membranes, Journal of Membrane Science, 417-418 (2012) 210-216.

[22] J.-H. Lee, J.-Y. Lee, J.-H. Kim, J. Joo, S. Maurya, M. Choun, J. Lee, S.-H. Moon, SPPO pore-filled composite membranes with electrically aligned ion channels via a lab-scale continuous caster for fuel cells: An optimal DC electric field strength-IEC relationship, Journal of Membrane Science, 501 (2016) 15-23.

[23] S. Yu, J. Zhu, J. Liao, H. Ruan, A. Sotto, J. Shen, Homogeneous trimethylamine-quaternized polysulfone-based anion exchange membranes with crosslinked structure for electrodialysis desalination, Separation and Purification Technology, 257 (2021) 117874.

[24] S. Swaby, N. Ureña, M.T. Pérez-Prior, A. Várez, B. Levenfeld, Synthesis and Characterization of Novel Anion Exchange Membranes Based on Semi-Interpenetrating Networks of Functionalized Polysulfone: Effect of Ionic Crosslinking, Polymers, 13 (2021) 958.

[25] S. Maurya, S.-H. Shin, K.-W. Sung, S.-H. Moon, Anion exchange membrane prepared from simultaneous polymerization and quaternization of 4-vinyl pyridine for non-aqueous vanadium redox flow battery applications, Journal of Power Sources, 255 (2014) 325-334.

이온교환막의
제조 방법

04
이온교환막의
제조 방법

이온교환막은 이온교환기의 분포에 따라 균질막homogeneous membrane과
비균질막heterogeneous membrane으로 분류된다. 균질막 합성 방법은 이온교
환기가 있는 단량체를 고분자화하는 방법presulfonation/amination과 고분자에
술폰화 또는 아민화sulfonation/amination 과정을 거쳐 이온교환기를 도입하는

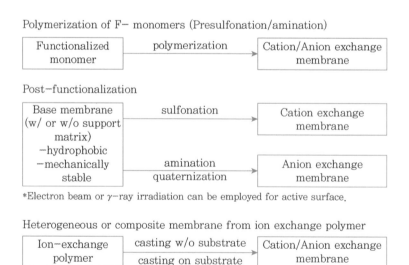

Fig. 4.1 Summary of procedures for preparation of ion exchange membranes

방법 등이 있다. 이오노머와 지지체를 이용하는 복합막composite membrane
은 기계적인 강도와 함께 화학적인 안정성을 고려해 제조된다. 또는 단량
체를 지지체에 흡수시켜 중합한 다음 기능기를 도입하는 복합막 제조 방
법도 있다. 단량체나 이오노머의 용매에 따라 다양한 경로로 이온교환막
이 제조된다. 이러한 다양한 과정들을 Fig. 4.1에 요약하였다.

4.1 일반적인 이온교환막의 제조 과정

4.1.1 공통적인 합성 방법

균질 이온교환막의 합성 방법은 이온교환기가 있는 단량체를 고분자
화하는 방법(Fig. 4.2)과 고분자에 이온교환 기능기를 도입하는 방법(Fig.
4.3)이 있다.

$$\text{n M} \quad \xrightarrow{\qquad} \quad -[\,\text{M}\,]_n-$$
$$\text{R}^-\text{B}^+ \qquad\qquad\qquad \text{R}^-\text{B}^+$$

Fig. 4.2 Synthesis of ion exchange polymer via prefunctionalization

$$\text{n M} \xrightarrow{\qquad} -[\,\text{M}\,]_n- + \text{R}^-\text{B}^+ \xrightarrow{\qquad} -[\,\text{M}\,]_n-$$
$$\text{R}^-\text{B}^+$$

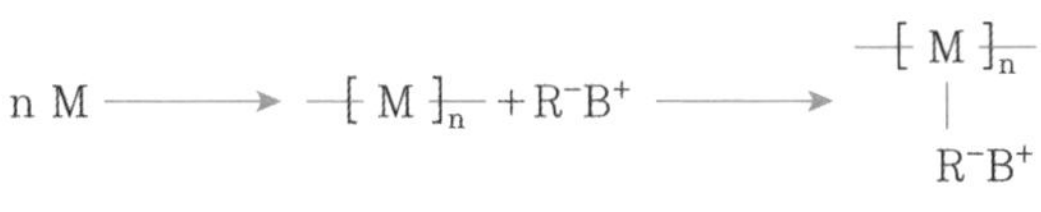

Fig. 4.3 Synthesis of ion exchange polymer via postfunctionalization

여기에서 이온교환기가 있는 단량체를 중합하는 것은 용매의 선택이
어렵거나 제조된 고분자의 물성이 막의 형성에 적절하지 않은 경우가 많
아 다른 단량체와 공중합이 필요한 경우가 있다. 또한 기저막을 만드는

경우에도 고분자 물성의 조절을 위해 공중합을 선택할 수 있다. 공중합에는 불규칙 공중합과 일정 단위의 단량체가 정렬된 블록 공중합이 있다. 블록 공중합을 이용한 제조 방법으로는 이온교환기가 있는 단량체와 없는 단량체의 블록 공중합법이 있다. 한편, 불규칙 공중합 방법은 이온교환기가 첨가된 단량체와 다른 단량체를 공중합시키는 방법과 불규칙 공중합체에 이온교환기를 도입하는 방법이 있다.

Fig. 4.4는 이온교환기가 도입된 단량체와 다른 단량체를 공중합시키는 불규칙 공중합 방법prefunctionalization을 보여주고, Fig. 4.5는 불규칙 공중합체에 이온교환 작용기를 도입하는 방법postfinctionalization의 분자배열을 보여주고 있다.

$$n\ M_1 \quad +n\ M_2 \longrightarrow -[M_1]_n-[M_2]_m-$$
$$\mid \qquad\qquad\qquad\qquad\qquad \mid$$
$$R^-B^+ \qquad\qquad\qquad\quad R^-B^+$$

Fig. 4.4 Copolymerizaiton of functionalized monomers with non-charged monomers

$$-[M_1]_n-[M_2]_m- +R^-B^+ \longrightarrow -[M_1]_n-[M_2]_m-$$
$$\mid$$
$$R^-B^+$$

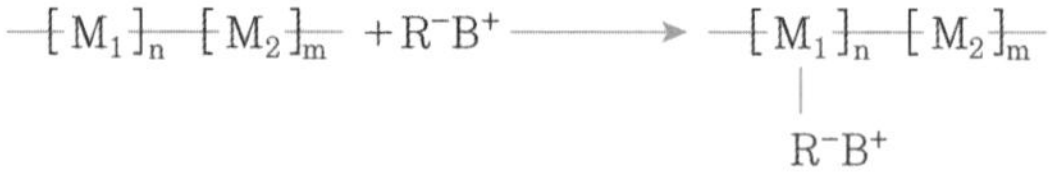

Fig. 4.5 Functionalization of random copolymer

4.1.2 양이온교환막의 합성기술

균질막 합성 방법으로는 고분자 기저막에 이온교환 작용기를 도입하는 방법과 이온교환기가 있는 단량체를 고분자화하는 방법이 있다. 전자의 방법이 많이 이용되고 있으며 적절한 용매가 있는 경우 후자의 방법도 이용된다. 전자의 방법에서 대표적인 탄화수소계 기저막으로는 polystyrene이 있다. polystyrene은 styrene 단량체에 divinylbenzene 같은 가교제와 benzoyl peroxide 같은 개시제를 포함하여 중합반응을 일으킨다. 이렇게 형성된 기저막에 양이온교환기를 부가한다. Fig. 4.6에 이 과정이 도시되었다. 양이온교환기로는 $-SO_3^-$, $-COO^-$, $-PO_3^{2-}$, $-AsO_3^{2-}$ 등이 있다. 기능기에 따라 이온교환이 일어나는 pH 영역이 다르다.

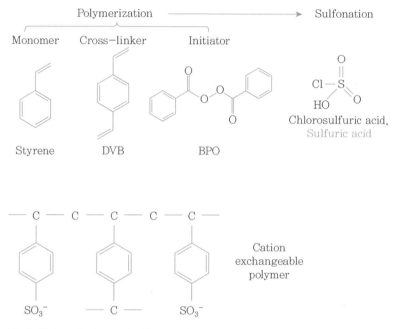

Fig. 4.6 Polymerization and sulfonation for preparation of cation exchange polymer

이온교환기가 있는 단량체를 고분자화하는 방법의 예로서 polystyrene sulfonic acid의 Na 염의 라디칼 고분자화 반응을 들 수 있다(Fig. 4.7). 또한 산업 공정에서 많이 쓰이는 알켄 술폰산의 염과 에테르의 고분자화 반응도 포함된다. 섬유상 지지체와 함께 공중합반응을 일으킬 때도 알킬 에테르가 가수분해되며 가교가 이루어지고 그 결과 우수한 기계적 강도를 갖는 안정한 양이온교환막이 제조된다[1,2].

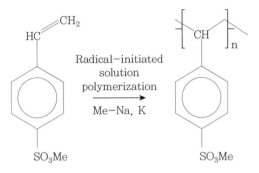

Fig. 4.7 Radical polymerization of p-styrene sulfonic acid, Na salt

양이온교환막에 포함된 이온교환기의 최종 함유량은 술폰화 용액의 농도와 반응 조건을 조절함으로써 결정된다. 균질 술폰기 양이온교환막의 상업적인 제조 공정은, Fig. 4.6과 같이 단량체인 styrene과 divinylbenzene 가교제의 라디칼 공중합반응으로 가교된 고분자를 제조하고 술폰화 반응을 거치는 것으로 알려져 있다. 필요한 경우 이온교환막의 성분에 가소제 plasticizer를 추가할 수 있다. 가소제는 이온교환막의 성형 과정을 쉽게 하고 제조된 막을 유연하게 하는 장점이 있다. 그러나 가소제는 고분자 주쇄와 직접 반응하지 않고 주쇄와 주쇄 간의 거리를 유지하여 고분자의 유연성을 개선하기 때문에 장기간 사용 시 누출될 가능성이 있다. 가소제로 많이 이용되는 dioctyl-phthalate DOP를 비롯한 phthalate 계열 물질은 환경호르몬으로 지목되고 있어 이온교환막 공정의 제품이 음용수나 식품과 관련되는 경우에는 주의가 필요하다. acetyl tributyl citrate는 대체 가소제의 하나이다.

불포화결합의 친전자성 술폰화반응

많은 고분자(주로 방향족)들은 친전자성 술폰화 반응에 의해 술폰화가 이루어진다. 특히 고분자의 불포화 부분에서 술폰화 작용제(황산/아세트

화 무수물의 혼합물로 형성된 acetyl sulfate)의 친전자성 공격을 통해 일어난다. 예로서 ethylene-propylene-diene terpolymers[Thionic®, producer Uniroyal]의 술폰화반응을 들 수 있다. 또한 술폰산 기능기 대신에 인산 기능기(중간 활성의 이온교환 고분자에 적용)와 카르복실 산(약한 활성의 이온교환 고분자에 적용)을 고분자에 도입할 수도 있다[3].

술폰화반응에 이용되는 산용액

높은 농도의 이온교환기는 막의 전도도를 향상시키지만 동시에 많은 이온과 물분자를 흡수시켜 고분자막의 강도를 떨어뜨리게 된다. 따라서 이온교환막은 적정한 수준의 이온교환용량[ion exchange capacity]을 가져야 한다. 일반적으로 이온교환막의 이온교환용량은 1~3 meq/g이다. 방향족 주쇄의 고분자의 술폰화를 위해 여러 가지 방법이 사용되는데 진한 황산, chlorosulfuric acid, sulfur trioxide-triehtylphosphonate complex 또는 methanesulfonic acid/고농도 황산이 사용되고 있으며, trimethylsilylchlorsulfonate[TMSCS]도 술폰화제로 쓰이고 있다. 그러나 합성 중 고분자 주쇄가 강한 술폰화제에 의해 분해 또는 술폰기가 가교화되는 부반응이 지적되고 있으며 이런 경우 단량체 반복단위당 1 이하의 낮은 이온교환능을 갖게 된다.

또한 aromatic lithiation을 통한 aromatic poly(ether sulfone)의 술폰화 방법이 Kerres 그룹에 의해 제안되었는데 −50°C에서 −80°C 낮은 온도에서 lithiation시켜 SO_2로 처리하게 되면 sulfinate 그룹으로 치환된 형태의 고분자가 얻어진다. 이를 다시 과산화수소와 NaOCl하에서 산화시켜 술폰화된 고분자를 합성할 수 있다. 이 경로로 합성된 고분자의 경우 친전자성 치환반응으로 술폰화된 고분자에 비해 수화반응에 대한 안정성이 우수하며 또한 도입된 작용기가 다른 술폰화 방법에 비해 화학적으로 안정한 것으로 보고되었다[4,5].

술폰화된 단량체

술폰화된 단량체는 적절한 용매에서 중합하기가 어려워 사례가 많지 않다. McGrath 그룹에서는 강한 술폰화제인 발연황산을 사용하여 단량체인 4,4-dichlorodiphenylsulfone를 90°C에서 술폰화한 후 phenoxide 와 중합하는 직접중합 방법을 사용하여 높은 이온교환능을 갖는 높은 분자량의 poly(ether sulfone)을 합성하여 연료전지에 적용하였다. 술폰화된 모노머가 sodium sulfonate기를 갖고 있어 중합 시 가교반응과 같은 부반응으로부터 안정하며, 반복단위당 두 개의 술폰기가 치환되어 있어 높은 이온교환능을 가질 수 있다. 또한 술폰기가 화학적으로 안정하며 우수한 열적·기계적 특성과 함께 높은 산화 안정성 및 산 촉매에 의한 가수분해로부터 안정한 양이온교환막이 제조되었다[6].

불규칙공중합에 의한 양이온교환막의 합성

불규칙 공중합 방법은 단일 고분자로 만든 양이온교환막과 비교하여 기계적 물성이 좋기 때문에 양이온교환막 제조에 많이 쓰인다. 대표적으로 tetrafluoroethylene과 trifluoroethylene-perfluoroether sulfonic acid의 라디칼 공중합화 반응에 의해 제조되는 poly(perflorosulfonic acid)PFSA가 있다. 생성된 공중합 고분자는 Nafion®과 같이 화학적·기계적 그리고 열적으로 매우 안정한 양이온교환고분자로 연료전지, 전해조의 분리막, 산화분위기의 수처리 공정 등에 폭넓게 응용되고 있다. 그리고 tetrafluoroethene과 hexafluoro-4-trifluorovinyloxy-butanoic acid methyl ester를 라디칼 공중합 반응시킨 후에 가성소다를 첨가하면 가수분해반응을 통해 perfluorocarboxylic acid 고분자용액을 얻을 수 있다[7].

4.1.3 음이온교환막의 합성기술

음이온교환능력을 갖는 기능기들은 $-NH_3^+$, $-NH_2^+$, $-N^+$ 같은 아민계열이다. 대부분의 음이온교환막 제조 공정은 고분자 주쇄의 할로메틸화 또는 할로메틸화 고분자와 tertiary mono- 또는 difunctional amine을 이용한 아민화 반응으로 이루어진다. 고분자의 아민화 반응을 용이하게 일어나게 하기 위해서 고분자 주쇄에 Cl을 도입하기도 한다. 예를 들어 polystyrene 기반의 음이온교환막을 제조하기 위해서는 Fig. 4.8과 같이 양이온교환막을 위해 사용하는 styrene 단량체 대신 4-vinylbenzyl chloride 단량체를 이용한다[8].

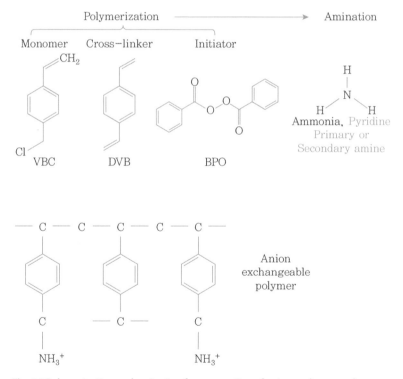

Fig. 4.8 Polymerization and amination for preparation of anion exchange polymer

음이온교환막의 이온교환 기능기로는 다양한 형태의 아민류가 이용된다. Table 4.1은 음이온교환막 제조에 이용될 수 있는 모노아민 화합물들이다. 아민류는 결합되어 있는 알킬기의 크기와 종류에 따라 이온교환 성능과 화학적 안정성이 크게 달라진다. 가장 안정한 형태인 4차 아민화 quarternization반응은 폴리머의 3차 아민을 4차 암모늄염으로 전환시키는 알킬화 방법, α, ω -alkylendihalogenide와 diamine의 반응에 의한 합성 방법, 비활성 기질에 불포화 3차 아민을 조사 그래프트시키고 4차 암모늄염으로 전환시키는 방법 그리고 카르복실기 양이온교환 고분자를 개질 하는 방법 등이 있다. Benzyl trimethyl ammonium이 비교적 안정한 4차 암모늄으로 알려져 있다. 4차 암모늄($-NR_3{}^+$) 외에도 4차 phosphonium ($-PR_3{}^+$), sulfonium($-SR_2{}^+$), piperazinium, imidazolium, guanidinium

Table 4.1 Various monoamines for amination reaction

Monoamines		pKa of conjugated acid
Trimethylamine (Tertiary amine)	$\underset{H_3C}{\overset{CH_3}{\underset{|}{N}}}\,CH_3$	9.87
Triethylamine	$N(CH_2CH_3)_3$	10.8
Pyridine		5.25
4-Methylpyridine	CH_3	5.94
Secondary amine	NHR_2	
Primary amine	NH_2R	
Ammonia	NH_3	

그룹 등이 음이온교환막의 기능기로 이용된다. 이 가운데 polystyrene, polyethylene, poly(arylene ether) 고분자 기반의 4차 암모늄, polyfluoride 기반의 imidazolium, poly(aryl ether sulfone) 기반의 guanidinium 이온교환고분자는 용매에 용해되어 이오노머 제조가 가능하다[8].

다기능기 amine은 음이온기능기와 가교 결합제로 도입되어 음이온교환막을 제조할 수 있다. Udel®사는 polysulfone을 bromomethylation과 아미노화하여 막을 제조하였다. 3차 아민이 4차 암모늄염으로 전환될 수 있는 고분자 중 poly(vinylpyridine)대부분 poly(4-vinylpyridine), poly(2-vinylpyridine)과 styrene의 공중합반응으로 음이온교환막이 제조될 수 있다. 예로서 poly(4-vinylpyridine)을 poly(4-vinylbenzyl-chloride)와 가교시킨 pyridinium 음이온교환막은 산화환원 전지에 분리막으로 이용되었다. 그러나 이 경우 균질 고분자는 기계적 강도가 약하며 깨지기 쉬운 성질을 갖게 되므로 4-vinylpyridine 대신 불규칙고분자 poly(4-vinyl pyridine-co-styrene)를 사용하는 것이 더 적합하다[9]. 또한 α, ω-alkylendihalogenide와 diamine인 DABCO([2,2,2]-diazabicyclooctane)의 공중합 방법이 음이온교환막 제조에 적용되었다. Polycarbonate 고분자를 기저물질로 사용하여 4-vinyl-benzene sulfonate의 라디칼 반응 후 주사슬에 음이온교환기가 도입된 예도 있다[10,11].

음이온교환막에서도 양이온교환막과 같이 막의 구조는 이온의 전도도와 화학적 안정성에 크게 영향을 미친다. Poly(2,6-dimethly-1,4-phenylene odie)PPO 기반의 고분자를 이용하여 가교도와 기능기를 가진 곁사슬의 영향을 연구한 결과에 의하면 최적의 가교도와 긴 곁사슬을 가진 고분자가 80°C에서 105 mS/cm의 높은 음이온전도도와 화학적 안정성을 보였다. 특히 상대적으로 낮은 흡수율과 낮은 이온교환용량에도 더 높은 전도도를 갖는 음이온교환막을 합성하였다[12].

침투성 고분자inter-polymer를 이용하여 중합과 음이온교환기의 결합을 동시에 수행할 수 있다. PVC, 4 vinyl pyridine4VP와 Dibrombuthane을 이용하여 PVC 분자구조 안에서 중합과 4차 아민화 반응quarternization을 동시에 일으켜 Poly(4 vynil pyridine)-dibromobuthaneP4VP-DBB 음이온교환막을 한 단계 반응으로 제조하였다[8]. 이 공정은 간단하고 별도의 용매를 이용하지 않아 친환경적이다. Chloromethylation이나 별도의 4차 아민화 공정이 필요하지 않은 장점이 있다.

음이온교환막의 공통적인 성질

음이온교환막은 양이온교환막과 비교하여 공통적으로 다른 성질들이 있다. OH⁻를 비롯한 음이온들은 대체로 수소이온에 비하여 분자량이 커서 이동속도가 느리다. 또한 높은 가교도를 가진 기저막이 아니면 수소이온을 완전히 차단하지 못한다. 이 점은 음이온교환막의 단점이기도 하지만 확산투석 공정에서는 금속이온을 배제하고 산을 회수하는 공정에 이용되기도 한다. 한편 산을 회수하는 전기투석 공정에서는 음이온교환막에서 수소이온을 차단하여 고농도의 산을 회수할 필요가 있다. 일반적인 양이온들은 음이온교환막에 의해 차단되지만, 수소이온은 다른 무기 양이온에 비해 이동도가 매우 커서 농축실의 수소이온이 음이온교환막을 통과해 희석실로 다시 이동한다. 이 경우 전기투석 공정으로 산酸용액을 농축하는 데 한계가 있었다. 이러한 문제점을 해결하기 위해서 상용막으로 수소이온의 투과를 감소시킬 수 있는 ASTOM Co.의 Neosepta® ACM막이 있다[13]. 황산 용액에 에칭한 polyaniline/polyvinvlidene fluoride PANI/PVDF 음이온교환막은 PANI에 의해 형성된 이온채널에서 높은 전도도와 수소이온차단 성능을 보였다[14].

음이온교환기는 양이온교환기에 비해 화학적인 안정성이 떨어진다.

호프만 반응Hoffman reaction이나 친핵성 치환nucleophilic substitution에 의해 음이온교환능력을 쉽게 잃기 때문이다. 강알칼린 조건에서 막의 색깔이 변하기도 하는데, 이 경우에는 막의 성능이 유지되는 경우도 있다. 기능기 가운데 sulfonium, phosphonium은 친핵성 공격에 취약하다. Guanidinium은 4차 ammonium보다 안정한 것으로 알려져 있다. 한편 음이온교환막의 지지체로 이용되는 고분자 가운데 부분불소계인 PVDF는 OH⁻ 공격에 약하고 완전불소치환 고분자와 엔지니어링 고분자인 polystyrene, poly(ether-sulfone)PES 등은 강알칼리 조건에서도 안정하다. 화학적으로 안정한 금속산화물 기능기도 연구되고 있다[15].

균질막으로 제조되는 양이온교환막과 음이온교환막의 두께는 일반적으로 100~200 μm이고 지지체를 이용한 균질막은 20 μm 정도까지 얇은 막으로 제조되기도 한다.

4.1.4 양쪽성이온교환막

양쪽성이온교환막amphoteric ion exchange membrane, AIEM은 양이온교환기와 음이온교환기를 모두 가진 이온교환막이다. 주로 Donnan 배제에 의해 양이온을 반발하고 음이온을 선택적으로 통과시키는 이온교환막으로 이용된다. 양쪽성이온교환막은 이온교환기의 위치에 따라 세 종류의 구조로 합성된다. 첫 번째는 같은 곁가지에 양이온교환기와 음이온교환기가 동시에 도입된 구조이다. 이 구조는 양이온교환용량과 음이온교환용량이 모두 높은 장점이 있다. 두 번째는 블록 공중합체로 양이온교환기와 음이온교환기가 다른 곁가지에 도입된 구조이다. 이 구조는 주로 그래프팅 방법으로 합성된다. 세 번째는 양이온교환고분자와 음이온교환고분자를 용매에 녹여 혼합한 후 캐스팅하는 방법이다. 비교적 간단한 합성 방법으로 가장 많이 시도되고 있다. 이 방법으로 제조된 이온교환막은 마이크론 수준의 상분리가 일어나고, 기계적인 강도가 우수하다. 양쪽성이온교환막은 연료전지나 산화환원흐름전지에 이용되고 있다[16]. 한편 전기투석 공정에서도 양쪽성이온교환막이 이용된다. 4,4-diazostilbene-2,2′-disufonic acid disodium salt^{DAS}로 가교된 poly(arylene ether sulfone)^{PAES} 구조의 양쪽성이온교환막은 전기투석에서 Cl$^-$ 이온에 비하여 SO$_4^{2-}$ 이온 통과를 줄이는 일가선택성 음이온교환막의 성질을 보였다[17]. 양이온교환기와 음이온교환기를 포함한 zwitterion 고분자물질은 새로운 이온교환막의 개발에 적용되고 있다[18].

4.2 특수한 이온교환막의 합성

4.2.1 일가선택성 막의 제조

전기투석 공정을 이용하여 해수로부터 식염을 생산하는 과정에서 해수중의 NaCl만을 선택적으로 분리하고 미량 함유되어 있는 다가 이온들은 제거할 수 있는 이온교환막이 요구되었다. 또한 질산과 불소이온의 인체 위해성이 밝혀지면서 지하수에서 이들 이온을 제거해 음용수를 제조하기 위해 이들 이온을 선택적으로 분리할 수 있는 이온교환막의 필요성이 대두되었다.

초기 일가이온 선택성 이온교환막 제조는 다가 이온에 대해 강한 친화력을 지닌 작용기를 이온교환막에 도입하는 방법이 시도되었다[19]. 그러나 이 방법은 다가 이온들이 이온교환막에 비가역적으로 결합되어 막의 성능을 회복하는 것이 어려웠다. 이온교환막의 합성 과정에서 가교도를 증가시켜 다가 이온의 투과를 억제하는 방법도 시도되었다. 이 합성기술은 선택적으로 1가 이온을 분리할 수는 있었지만 이온교환막의 전기저항을 크게 증가시켜 결국 상업적으로 활용되기에는 적절하지 않았다[20].

또 다른 합성 방법으로 기존의 양이온교환막 표면에 특정한 물질을 고정시키는 방법이 시도되었다. ASTOM Co.에서는 기존의 양이온교환막 표면에 얇은 양전하 층을 코팅한 일가양이온 선택성막Neosepta CMS과 음이온교환막 표면에 가교도가 높은 박막 층을 지닌 일가음이온 선택성막Neosepta ACS을 합성하였다. 이와 같은 방법으로 합성된 CMS 막의 경우 큰 전기저항의 증가 없이 Na^+ 이온에 대한 Mg^{2+} 이온의 선택성을 1.2에서 0.1로 줄일 수 있었고, ACS 막의 경우 Cl^- 이온에 대한 SO_4^{2-} 이온의 선택성을 0.5에서 0.01까지 감소시킬 수 있게 되었다[21]. 또한 양쪽성의 이온교환막은 수소이온에 대해서 선택성을 지니고 있다. Yamane 등은 이 막에 양전하층을 코팅함으로써 Na 이온에 대한 수소이온의 선택성을 12 까지 향상시킬 수 있는 수소선택성막을 제조하였다[22].

또한 Sata 등은 crown ether가 특정 양이온에 대해 선택성을 가지고 있는 성질을 이용하여 기존 양이온교환막에 18-crown-6과 15-crown-5를 코팅함으로써 일가 양이온인 Na^+과 K^+ 혼합용액에서 칼륨만을 선택적으로 분리하였다[23]. 이 외에도 질산 이온 선택성막, 요오드이온 선택성막과 같이 특정 이온만을 선택적으로 분리하는 이온교환막은 전기투석 공정의 운전효율을 향상시킨다[24-26]. 1가 선택성 음이온교환막의 경우 양이온교환막보다 화학적 안정성이 떨어지기 때문에 안정한 지지체와 주쇄 고분자 및 이온교환기능기의 선택이 필요하다. Fig. 4.9는 막 표면 전하층을 변화시켜 제조된 1가 선택성 양이온교환막과 음이온교환막의 선택 기작을 보여주고 있다.

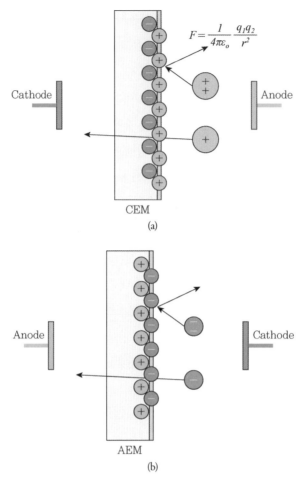

Fig. 4.9 Preparation of monovalent selective ion exchange membranes (a) Monovalent selective cation exchange membrane, (b) monovalent selective anion exchange membrane

1가 이온에 대해 선택성을 가진 이온교환막의 합성 기술들을 요약해보면 다음과 같이 분류할 수 있다.

• 기저 멤브레인의 가교도를 높여 치밀한 구조의 막을 제조하는 방법

- 이온교환막의 표면에 가교도를 높인 박막층을 코팅하는 방법
- 막 표면에 반대 전하를 띤 분자를 축합반응condensation reaction으로 막을 형성시키는 방법
- 막 재료의 구성에서 막의 친수성을 감소시키는 방법
- 광감응photoresponsive 작용기를 지닌 이온교환막을 광조사photoirradiation로 처리하여 특정 이온에 대한 선택성을 조절하는 방법
- 열감응thermally responsive 이온교환막을 이용하여 이온의 선택성을 조절하는 방법
- 고분자양이온과 고분자음이온을 적층기법layer-by-layer으로 코팅해 막을 제조하는 방법

이러한 1가 선택성 막은 이온교환막의 응용 범위를 넓힐 수 있을 뿐만 아니라 염제거 공정의 운전 효율을 향상시킬 수 있다. 그러나 지금까지 개발된 1가 선택성 막은 일반적인 막에 비하여 전기저항이 높아 에너지 소모가 많으며, 투과속도가 낮아 공정 설계에서 더 넓은 면적의 멤브레인과 스택이 필요하다.

4.2.2 바이폴라막

전기투석 공정의 희석조에서 양이온은 양이온교환막을 통해 음이온은 음이온교환막을 통해 농축조로 이동한다. 탈염 공정이 진행된 후 희석조에 물만 남게 되면 전기저항이 증가한다. 이때 전압을 올리게 되면 물이 분해되어 양이온교환막으로 수소이온이, 음이온교환막으로 수산이온이 통과한다. 이렇게 생성된 이온과 상대이온을 결합하면 산과 염기를 제조할 수 있다. 이러한 기능을 희석조 없이 하나의 막에서 기능하는 것이 바이폴라막bipolar membrane이다. 바이폴라막은 Fig. 4.10에서 보여주고 있는

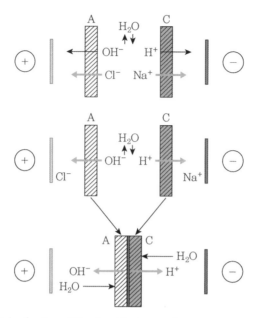

Fig. 4.10 Principle of water splitting in a bipolar membrane

바와 같이 양이온교환막과 음이온교환막이 합쳐진 형태로, 전기장하에서 물을 분해시키는 반응water splitting; water dissociation으로 수소이온(H^+)과 수산화이온(OH^-)을 제조하는 기능을 가지고 있다[27-29]. 양이온교환막과 음이온교환막을 단순하게 접촉시켜 사용하는 바이폴라막은 물분해 시 높은 전기저항과 낮은 전류효율을 보인다. 상용화된 바이폴라막으로는 ASTOM Co.의 BP1을 비롯하여 비교적 낮은 전기저항과 높은 전류효율을 지닌 막이 제조되고 있다. 바이폴라막은 양이온교환막과 음이온교환막 사이에 물분해반응을 촉진하는 촉매를 포함하고 접촉면을 화학적으로 결합시켜 저항을 최소화하여 제조한다. 바이폴라막의 제조는 고분자재료를 이용하여 양이온막과 음이온막 또는 양이온교환용액과 음이온교환용액으로부터 가능하다[30,31]. 자주 이용되는 제조 방법을 요약하면 다음과 같다.

① 이미 제조된 양이온교환막과 음이온교환막 사이에 촉매와 고분자 바인더를 바르고 고온 압착으로 결합시킨다.

② 용액상태의 양이온교환용액과 음이온교환용액을 동시 사출하여 막을 형성한다. 이때 둘 중 하나의 접촉면에는 물분해 촉매를 포함되어야 한다.

③ 이미 제조된 양이온교환막에 촉매를 바르고 음이온교환용액을 캐스팅하거나, 음이온교환막에 촉매를 바르고 양이온교환용액을 캐스팅하여 건조시킨다.

이 외에도 이미 제조된 막 표면에 그래프팅을 통해 상대이온교환층을 형성하는 방법도 있다. 촉매로는 금속이온 또는 금속 산화물이 이용된다.

위의 설명과 같이 일반적으로 바이폴라막은 물을 분해하는 데 이용했지만, 산과 염기의 중화에 의한 전기 생산 공정에서는 수소이온과 수산이온의 이동과 결합반응으로 물을 생성하게 된다. 에너지 공정에 필요한 바이폴라막의 제조와 응용은 8장에 설명되어 있다.

4.2.3 비균질막

상용화 초기에 제조된 이온교환막들은 대부분 비균질막heterogeneous membrane이었다. 비균질 양이온교환막은 가교된 술폰화 폴리스틸렌 수지 또는 포름알데히드 축중합반응으로 가교 결합된 페놀 형태인 술폰산 수지와 비활성 결합제binder 고분자(폴리에틸렌, 페놀 수지, PVC, 합성 고무)로 구성된다. 여기에는 50~75%의 이온교환수지를 함유한다. 이러한 높은 수지 함유율은 이온교환막으로서 충분한 이온전도성을 얻기 위해 요구되며 이온교환수지들은 서로 접촉하여야 한다. 그러나 이온교환수지가 과량 함유되면 불균질 이온교환막의 기계적 물성이 저하되는 단점이 있다. 이는 불균질 막이 수용액을 접할 때 결합제 기질은 팽창하지 않는 반면 이온교환 입자는 팽창하기 때문이다. 이것은 막의 표면에 손상을 가져오기도 한다.

비균질막은 비활성 결합제 고분자binder polymer와 콜로이드성 이온교환 수지 입자를 혼합하는 방법으로 만들어진다. 합성 과정은 먼저 분말 형태의 이온교환수지와 기질체가 들어 있는 틀에 분산시킨 후 용매를 증발시킨다. 부분적으로 결합된 결합제 고분자에서 이온교환수지 콜로이드를 분산시켜 고분자반응을 완성시킨다. 비균질 이온교환막은 기계적 강도는 우수하나, 전기적 특성이 저하되는 단점이 있다. 섬유상의 천이나 다공성 막을 지지체로 하여 이온전도성 고분자를 침투시켜 기계적 안정성과 이온교환용량을 보완한 복합 재질 형태의 비균질 이온교환막도 제조되고 있다[32,33].

비균질막의 제조는 작은 이온교환 입자들이 비활성 결합제에 도입된다는 점에서 불활성 강화재료를 이용하는 균질 이온교환막 제조 방법과 비슷하다. 비균질막은 이온교환 성분의 불균일한 분포의 영향을 받는다. 따라서 비균질막을 통한 이온의 이동은 이온교환 입자들 사이의 접촉 정도, 입자들 사이의 용액의 분포에 의해 결정된다.

제조 공정은 적절한 온도의 용매에 결합제와 가소제를 넣고 반죽함으로써 반유동 플라스틱 상태로 만든다. 그리고 이온교환수지를 넣은 후 일정한 혼합물이 얻어지면 얇은 막형태로 성형한다. 마지막으로 가소제는 증발에 의해 제거한다. 최종적인 막의 이온교환수지 함량은 80% 이상이어야 한다. 비균질막은 200~300 μm 두께로 제조되고 막의 두께가 얇아지면 전기저항이 낮아져 운전비용이 절감되는 대신 기계적 강도가 떨어지거나, 막의 선택성이 낮아져 공정의 효율이나 농축액의 순도가 낮아질 수 있다.

4.2.4 지지체 기반의 이온전도성 복합막(Composite) 제조

이온전도성막은 막의 물리적 형태를 형성하는 고분자 물질에 이온교환 기능기를 결합하여 제조된다. 대부분의 고분자 물질은 소수성으로 기계적 강도를 유지하는 반면, 이온교환 기능기는 친수성으로 수화반응으로 이온이 통과할 수 있는 이온의 통로를 형성한다. 이온교환능력ion exchange capacity으로 나타나는 이온교환 기능기의 농도가 올라가면 이온의 전도도가 높아지고 전기적인 저항이 낮아져 공정에서 에너지 저감 효과를 가져온다. 그러나 물에 의한 용해력 효과는 고분자구조 자체의 부피를 팽창시켜 기계적인 강도를 저하시키고 막의 분해 가능성을 높이게 된다. 따라서 이온교환고분자 내에 기계적인 강도를 유지할 소수성 구조가 충분하지 않을 때는 지지체를 이용하게 된다. 또한 지지체를 이용한 막은 기계적인 강도와 함께 화학적인 안정성이 개선되는 효과도 있다.

Fig. 4.11은 지지체 기반의 이온교환막으로 세 가지를 형태를 보여준다. ① 다공성 지지체에 이온성 고분자를 충진하는 방법, ② 지지체 표면을 활성하여 기능기를 부착시키는 그래프팅법, ③ 용해성 있는 모노머를 지지체에 흡수시켜 중합하는 방법이다.

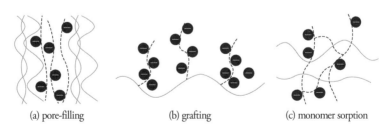

(a) pore-filling   (b) grafting   (c) monomer sorption

Fig. 4.11 Comparison of composite membranes. (a) physical binding, (b) chemical binding, (c) semi-interpenetrating network

이온전도성막의 제조에 필요한 고분자 물질은 화학적인 안정성과 이온교환 기능화functionalization 가능성을 고려하게 되는데, 두 가지 가능성을 동시에 만족시킬 수 없을 때는 화학적 안전성과 기계적 강도가 높은 지지체를 이용하게 된다. 현재 많이 이용되고 있는 지지체의 형태는 섬유, 직조된 천, 다공성막, 전기방사된 섬유 등이 있다. 화학적인 성분으로는 polyethylene, polypropylene, PVC, polytetrafluoroethylenePTFE, poly(tetrafluoroethylene-co-hexafluoropropylene)FEP, poly(tetrafluoroethylene-co-perfluoropropyl vinyl ether)PFA, polyvinylidene fluoridePVDF, poly(vinylidene fluoride-co-hexafluoropropylene)PVDF-co-HFP, poly(ethylene-alt-tetrafluoroethylene)ETFE, polyvinyl fluoridePVF 등이 있다. 그 외에도 많은 다공성 멤브레인 재료들이 이용될 수 있다. 지지체를 선정할 때는 이온교환 고분자 물질이 충분히 침투할 수 있는 기공pore size과 공극률porosity을 가져야 하고 지지체와 이온교환 고분자가 친화력이 있어 이용 중 분리되지 않아야 한다. 지지체와 이온교환 물질의 친화력을 위해 계면활성제를 이용한 처리 방법이 이용되기도 한다. 같은 고분자 재료라고 하더라도 분자량이 클수록 화학적으로 안정한 막을 만들 수 있다. 예를 들어 분자량이 수백만에 이르는 폴리에틸렌Ultrahigh molecular weight PE이 지지체로 이용되기도 한다[34]. Fig. 4.12는 여러 가지 형태의 지지체 구조를 보여주고 있다.

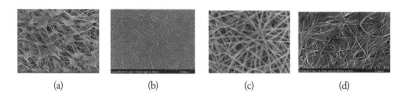

(a)   (b)   (c)   (d)

Fig. 4.12 Morphology of supporting materials. (a) porous media prepared by stretching, (b) porous media prepared by phase inversion, (c) electrospun fiber, (d) bacterial cellulose

최초의 이온전도성막 지지체로는 직조된 polyvinyl chloride[PVC] 천이 이용되었고 PVC 분말이 강화제로 이온교환 기능기와 부착이 가능한 단량체와 혼합되어 이용되었다. 지지체와 함께 제조된 복합막은 낮은 이온전도도에도 높은 기계적 강도의 장점이 있어 수처리 공정에 많이 이용되고 있다.

이온전도성막의 응용이 에너지전환 공정에서 활발하게 이루어지면서 전기저항이 낮은 박막이 요구되고 있다. 박막형 이온전도성막은 이온의 선택성인 이동수가 낮아지는 단점이 있다. 높은 전도도와 선택성을 동시에 유지할 수 있는 박막형 이온전도성 막의 제조를 위해 지지체와 결합력이 강한 유사한 고분자구조가 선택될 수 있다. 불소계 이온교환막을 대체할 새로운 전해질막 개발을 위해 이온전도성 고분자를 우수한 기계적 성질과 구조를 갖는 저가의 비전도성 고분자 지지체에 함침 시키는 복합형 전해질막도 시도되고 있다. 예로서 기공이 발달한 PTFE 막의 기공 안으로 이온전도성을 갖는 불소계 이온교환수지를 함침시킨 형태로 Nafion 과 비교해 매질인 PTFE의 우수한 기계적 물성으로 인해 20 μm 이하의 얇은 막의 제조가 가능해졌으며 순수한 불소계 이온교환막보다 높은 이온전도성을 갖는 전해질막을 얻을 수 있었다. 이 과정을 요약하면 다음과 같다[35,36].

① 25 μm 이하 다공성 PTFE막 팽팽한 틀에 고정한다.

② 계면활성제와 이온교환용액을 솔을 이용하여 양면에 바른다.

③ 140℃에서 30초 동안 건조한다.

④ 계면활성제와 이온교환용액을 솔을 이용하여 양면에 바른다.

⑤ 140℃에서 30초 동안 건조한 후 증류수로 세척하고 상온에서 건조한다.

⑥ 계면활성제와 이온교환용액을 코팅하고 140°C에서 30초 동안 건조한다.

⑦ 이소프로필알콜에서 2분간 처리한다.

⑧ 끓는 증류수에서 30분간 가열한다.

다공성 PTFE막에 Nafion 고분자용액을 충진하여 만든 연료전지용 복합막의 제조 단계로서 최적화된 연속 공정은 아니지만 복합막 제조의 중요한 단계를 이해할 수 있다.

지지체를 이용한 복합막 제조 방법 중 그래프팅법과 단량체 흡수법 monomer sorption에 관한 내용은 다음의 이온교환막 제조 공정에서 설명하고자 한다.

4.3 이온교환막 제조 공정

4.3.1 페이스트법

탄화수소계 이온교환막을 대량 생산하는 데 가장 많이 이용하는 공정이 페이스트법paste method이다. Fig. 4.13(a)와 같은 장치에 페이스트 용액을 주입하고 지지체에 코팅하여 기저막을 만든다. 페이스트 용액에는 모노머, 중합개시제 그리고 기계적 강도를 위한 분말PVC, 또는 유연한 물성을 위한 고무성분 같은 첨가제를 포함한다. 지지체로는 화학적인 안정성과 기계적 강도를 가지는 섬유로 직조된 천이나 망이 주로 이용된다. 다공성 필름으로는 마이크로필터가 이용되기도 한다. 코팅된 페이스트 용액은 중합반응을 거쳐 기저막또는 pre-cursor membrane이 만들어진다. 기저막은 연속적인 공정이나 별도의 공정에서 기능기와 반응하여 양이온교환막이나 음이온교환막으로 변환된다. 이오노머 용액을 지지체에 함침할 경우에는 건조 과정을 거쳐 이온교환막이 바로 제조된다. Fig. 4.13은 실험실용으로 제작된 페이스트법에 의한 이온교환막 제조장치의 개념과 실제 장치의 사진을 보여준다.

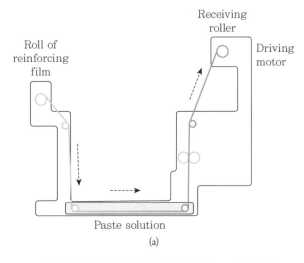

(a)

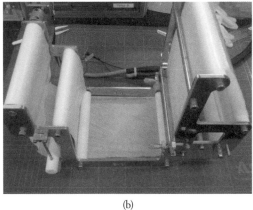

(b)

Fig. 4.13 Paste method for preparation of ion exchange membranes. (a) concept of a laboratory scale paste method, (b) photo of a laboratory scale paste equipment

이온교환막의 제조 공정에서 미세기공이 없는 평탄한 막이 물리적으로 침착되는 오염현상을 줄이는 데 유리하다. 그러나 유체의 흐름에서 난류현상을 일으키기 위해 표면이 돌출된profiled 막을 제조하기도 한다. 이 막은 난류현상에 의해 유속이 낮은 조건에서도 오염을 줄일 수 있다. 또한 돌출된 부분이 유체와 접촉을 증가시켜 저농도 탈염에서 전기저항을 줄이는 역할을 할 수 있어 전기탈이온elctrodeionization 공정에 적용되기도 한다[37].

4.3.2 그래프팅

그래프팅법은 지지체의 표면을 화학적으로 활성화하여 기능기를 부착하는 방법으로 복합막을 제조한다. 지지체의 표면을 활성화하는 에너지로는 UV, 플라스마, 감마선, 전자빔이 이용된다. 에너지 레벨이 높을수록 지지체 표면의 활성에는 유리하지만 지지체의 고분자 주쇄를 부분적으로 파괴하여 기계적 강도를 저하시키는 경우도 있다. 10 μm 이하의 박막 필름을 그래프팅 방법으로 저항이 낮은 이온교환막의 제조가 가능하다. 다만 박막을 대면적 공정에 적용할 경우 기계적 강도나 스택 조립에 어려움이 있다. 그래프팅법을 기능기 도입을 위한 목적이 아닌 이온성 고분자 충진 과정에 적용하여 지지체와 고분자 주쇄를 결합하여 기계적 강도와 화학적 안정성을 증가시키기도 한다.

블록 공중합 방법은 이온교환기가 있는 단량체와 이온교환기가 없는 단량체의 블록 공중합법, 비활성 고분자에 이온교환 단량체를 접목시키는 방법(Fig. 4.14), 그리고 비활성 고분자에 단량체를 접목시킨 뒤 그 단량체에 이온교환 작용기를 도입하는 방법(Fig. 4.15)이 있다.

Fig. 4.14 Schematic of graft polymerization of ion-exchange monomers on an inert polymer

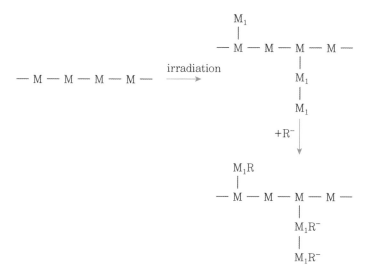

Fig. 4.15 Schematic of graft polymerization of monomer M1 on an inert polymer, then functionalization with ion-exchange groups

그래프팅은 활성화 에너지 조사와 중합 또는 기능기 도입반응을 동시에 실행하는 방법과 에너지 조사를 먼저하고 중합이나 기능기 도입을 순차적으로 하는 방법이 있다. 또한 사전에 에너지 조사를 통해 표면을 활성화할 경우 hydroperoxide와 같은 산화제를 포함할 수 있다. 그래프트 공중합 방법에서는 화학적·물리적으로 안정한 고분자가 막 기질로 사용되며 이 기질에 음이온 또는 양이온교환기가 도입된다. 중합 과정은 다음과 같다. 우선 기저 고분자 필름의 표면에 라디칼을 형성하고 기저 고분자 필름을 각각의 라디칼 고분자반응에 쓰이는 단량체에 팽윤시킨다. 이어 팽윤된 필름을 가열하고 그래프트 반응을 진행한다. 이후 미반응 고분자를 제거하고 술폰화 반응을 진행시킨다. Perfluorinated 고분자를 기저고분자로 사용하여 제조된 그래프트 막은 PEM 연료전지와 같은 특별한 용도로 생산되고 있다. 기저막으로 Polyethylene, Polytetrafluroethylene, Poly (ethylene-tetrafluroethylene), FEP(tetrafluroethylene와 perfluoropropylene 공중합체), PFA(tetrafluroethylene와 perfluoroalkylvinylether 공중합체) 등에 전자빔이나 감마선(Co60 γ-ray)을 조사하여 라디칼을 생성하고, 이온교환기의 도입이 가능한 vinyl계 단량체, styrene, acrylic acid, α, β, β-trifluorostyrene, 4-vinylpyridine 등을 결합한다. 여기에 술폰화나 아민화 반응을 통해 필요한 이온교환기를 부착하면 이온교환막이 된다. 4-vinylpyridine을 그래프트한 후 알킬할로겐으로 4차화한다. 감마선에 의한 그래프팅은 고분자 섬유에 적용하여 수처리의 이온교환 물질로 사용하기도 한다.

점자빔이나 감마선을 조사하면 표면의 활성화와 함께 고분자 주쇄가 부분적으로 손상될 수 있다. 이런 경우에는 Fig. 4.16과 같이 플라스마 그래프팅을 이용할 수 있다[38]. 플라스마 그래프팅은 화학적으로 안정한 고분자를 기반으로 초박막형 양이온교환막의 제조를 가능하게 한다[39,40]. 또한 양이온교환막 표면에 매우 얇은 음이온층을 코팅하여 1가 선택성막을 제조할 수 있다[41].

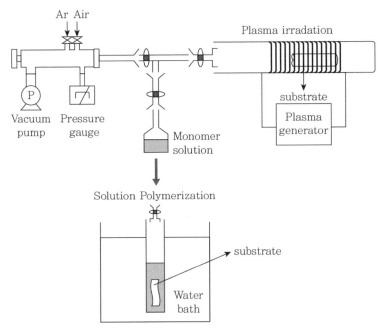

Fig. 4.16 Experimental setup for plasma induced graft polymerization[38](Reproduced with permission of John Wiley & Sons, Inc.)

4.3.3 침투성막과 반침투성막
(Semi-Interpenetrated network membrane)

모든 고분자에 기능기가 도입되는 것은 아니다. 지지체 물질에 기능기가 반응할 수 없을 때는 기능기 도입이 가능한 고분자와 상호침투interpenetrating 하는 구조로 기저 멤브레인을 합성할 수 있다. 예를 들어 PVC는 화학적으로 안정한 고분자구조이지만 기능기 부착이 매우 어려운 물질이다. 반면 polystyrene 고분자는 PVC와 상호 침투구조 형성과 기능기 도입이 가능한 고분자이다. 또한 액체상태의 styrene 단량체는 용해력이 뛰어나 필름형태의 PVC에 쉽게 흡수된다. PVC에 흡수된 styrene 단량체는 열이나 UV에 의해서 중합반응이 일어난다. 이 과정은 Fig. 4.17에서 설명되었다. styrene 단량체는 비다공성 PVC 분자구조에 침투하여 PVC를 팽창시킨다. 스티렌이 흡수된 PVC에 열을 가하거나, UV를 조사하면 스티렌과 같이 흡수된 DVB과 함께 가교된 새로운 분자구조를 만든다. 이러한 구조를 반침투형 고분자semi-interpenetrating polymer라고 한다. 이 기저막에서 미반응 단량체를 제거하고 술폰화반응을 거치면 양이온교환막이 된다[42]. 술폰화된 polysulfone과 1-methylimidazolium 기능기를 가진 polysulfone을 N,N,N´,N´-tetramethylethylenediamine으로 가교시킨 반침투성 음이온교환막은 화학적으로 안정된 성질을 보였다[43].

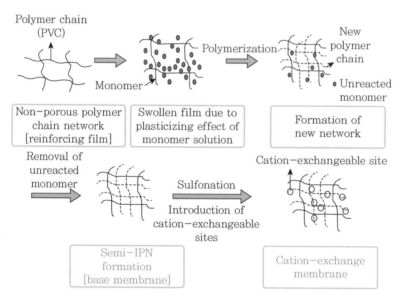

Fig. 4.17 Monomer sorption method for ion exchange membrane synthesis

단량체를 기저막 구조 내에서 중합하는 방법 대신 고분자 전해질을 직접 흡수시키는 방법이 있다. 물 또는 적절한 용매로 기저 고분자를 팽창시키고, 이런 환경에서 poly(styrene sulfonic acid) 같은 고분자 전해질을 흡수시킨 뒤 이 막을 건조하는 방법이 있다. 합성 과정은 기질체예: acrylnitrile-vinylchloride 공중합체에 이온교환고분자예: 양이온교환막은 poly(styrene sulfonic acid),

음이온교환막은 4차 아민화된 poly(vinylimidazole)를 같은 용매에 녹인 후 용매를 증발시킨다. 각각의 고분자 고리의 뒤엉킴은 아주 강하여 용매가 증발된 후에도 유지된다. 기질체인 고분자 전해질을 녹일 수 있는 용매로는 N, N-dimethyl acetamide와 dimethyl sulfoxide 등이 있다. 침투성 이온교환 고분자IEP와 이온교환막IEM은 기저 고분자와 서로 화학적으로 결합되지 않는 침투성 이온교환 고분자로 구성되어 있기 때문에 블록 공중합체보다 불균일하다. 이러한 막은 시간에 따라 이온교환 용량이 떨어지는 단점이 있다. 이와 같이 기저막을 팽윤시킨 상태에서 단량체를 침투시켜 형성된 막을 반침투성막semi-IPN membrane이라고 하고 기저막과 침투성 이온교환 단량체가 동시에 완전 용해된 상태에서 시작하여 구성하는 구조를 침투성막IPN membrane이라고 한다. Dimethyl sulfoxide에 용해된 polyvinyl alcoholPVA과 4차 아민화된 vinylchloride를 중합하여 제조된 PVA/Poly(vinylbenzyltrimethyl ammonium) 침투성 음이온교환막은 80°C에서 142 mS/cm의 OH^- 이온전도도를 보이고, 수소를 연료로 이용한 AFC에서 0.64 W/cm^2의 피크 전력을 보였다[44]. 부분불소치환형 이온교환막에서도 sytrene과 DVB을 용매로 IPN 구조 막을 형성한 사례가 설명되어 있다(3장 참조).

4.3.4 전기장에 의한 전도도의 개선(polarization)

이온교환막에서 이온이 이동하는 기작은 이온교환막의 양단에 농도차나 전위차에 의해 형성된 구동력에 의해 이온이 막을 투과하는 것이다. 이때 이온이 막을 투과하는 경로는 고분자 주쇄에 붙어 있는 기능기를 따라 형성된 이온채널이다. 따라서 주어진 구동력에서 이온의 이동속도는 막 내부에 있는 기능기의 농도와 이온채널의 구조에 의존한다. 기능기의 농도는 이온교환 용량으로 표시되고 이온교환 용량이 높을 때 이온의 이동속도는 증가한다. 여기에 이온채널이 두께방향으로 선형화된다면 이온전도도는 증가할 것이다. Nafion®이나 SPPO같이 기능기를 포함하고 있는 이오노머 물질의 경우 막을 제조하는 과정에 Fig. 4.18(a)와 같이 전기장을 가해주면 기능기가 두께방향으로 선형화될 수 있다. 이와 같이 이온채널이 편향성polarized을 갖는다면 같은 이온교환 용량으로 높은 이온전도도를 가진 이온교환막을 제조할 수 있다. Fig. 4.19(c)와 (d)는 이온전도도의 편향성을 평면 방향에서 확인한 결과이다. 사각형의 막을 전기장이 없이 막을 제조하여 전극이 있는 방향(S1)과 전극이 없는 방향(S2)의 전도도를 측정한 결과 거의 같은 전도도를 보였다(Fig. 4.19(a), 왼쪽 막대그래프). 다른 시료에서는 사각형의 막에서 마주 보는 양 변에 위치한 전극에 전기장을 가하여 이온교환막을 제조한 후 전기장을 가한 방향(S1)과 전기장을 가하지 않는 직각 방향(S2)으로 전도도를 측정하였다. 그 결과 전기장을 가한 방향(S1)의 전도도가 전기장의 방향과 직각인 방향(S2)의 4배 이상의 전도도를 보였다. 이 결과는 전기장에 의한 이온교환 채널의 편향화된 배열이 가능함을 보여주고 있다. 전기장에 의한 이온교환막의 캐스팅은 Fig. 4.18(b)와 같이 금속 평판과 닥터블레이드를 전극으로 하여 캐스팅한 후 건조시킨다. 실제 두께방향으로 개선된 이온전도도를 갖는 막을 제조할 수 있다. 연속 공정으로 막을 제조할 때는 지지체를 이온화된 고분자 용액에 담근 다음 두 개의 롤러를 전극으로 하여 막을 통과하게 한 후 건조시키는 방법이 있다(Fig. 4.18(c)). 전기장을 증가시키면 두께방향의 이온전도도가 증가하지만 최적 전류 이상의 전위차를 가하면 전극반응으로 기포가 발생하고 전도도가 감소하게 된다. 전기장을 가하는 동안 미세한 전류가 흐르게 되는데, 이 전류를 관찰하면 전기장의 효과를 판단할 수 있다[45]. 전기장은 직류전원과 교류전원을 모두 사용할 수 있다. 저주파 교류전원이 더 효율적이지만 최적화된 직류전원에서도 두께 방향의 전도도 개선이 가능하다. 이와 같이 정렬된 이온채널은 3장에서 설명된 두께방향의 이온전도도 측정에 의해 확인할 수 있다.

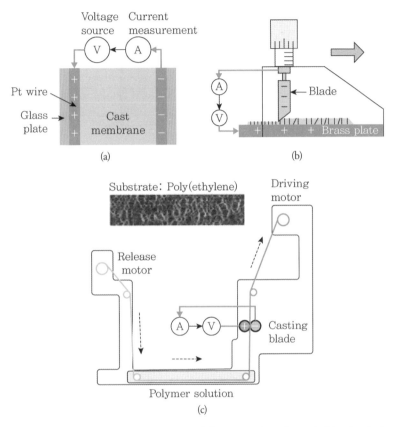

Fig. 4.18 Schematics of devices for electrical alignment of ion channels. (a) a view in the top of the device used to prove the research concept, in which the ion channels were aligned in the in-plane direction, (b) an electrical casting device used to align ion channels in the through-plane direction, (c) a laboratory-scale continuous caster to align ion channels in large-scale membrane preparation[45](Reproduced with permission of Elsevier)

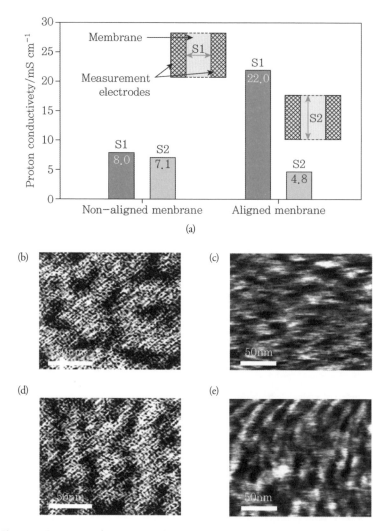

Fig. 4.19 Proton conductivities and morphological structure observations of the membranes. (a) proton conductivities of the non-aligned membrane and ion channel aligned membrane in (S1) parallel and (S2) perpendicular directions to the electric field applied during the alignment, (b) FE-TEM, (c) AFM images of lead stained ion channels in a non-aligned membrane, (d) FE-TEM, (e) AFM images of aligned membrane[45](Reproduced with permission of Elsevier)

이온교환막의 제조 공정에서 공통적으로 용매 선정의 어려움이 있다. 일부 이온화된 고분자는 알코올 혼합물이나 tetrahydrofuran에 녹지만, 대부분의 술폰화 또는 아민화된 고분자는 유기용매에 쉽게 녹지 않아 제조 공정이 어렵다. 이온화된 분자의 수용성이라는 같은 이유에서 고분자 중합이 가능한 술폰화된 단량체도 매우 제한적이다. 독성이 적은 용매를 개발하거나 유기용매를 쓰지 않는 친환경 고분자 중합기술이 필요하다. 이러한 면에서는 polyvinyl alcohol 같은 수용성 고분자나, styrene같이 용매기능을 가지고 있는 단량체가 유리하다.

4.3.5 주요 상업용 이온교환막 제조 회사

이상의 제조 과정을 기본으로 하여 상업용 이온교환막을 제조/판매하고 있는 주요 회사와 각 회사의 이온교환막 제품과 기본 특성을 Table 4.2에 정리하였다.

Table 4.2 Characteristics of commercial ion exchange membranes

Membrane	Type	Ion exchange capacity (IEC (mEq. g-1))	Thickness (μm)	Area resistancea (Ω cm^2)	Characteristic
Dupont(USA)					
Nafion 211	CEM	0.88~1.0	25.4	-	Fluorinated membrane for Energy conversion system (e.g., FC, RFB)
Nafion 212			50.8	-	
Nafion 115			127	-	
Nafion 117			183	1.5	
FuMa Tech(Germany)					
FKS	CEM	0.8~1.2	75~130	2.0~4.5	Standard CEM
FKB		1.2~1.3	100~130	4~6	ED
FKD		1.2~1.4	75~90	1.0~1.2	Special grade CEM
FKL		1.0~1.2	100~130	6~10	ED
FKE		1.4~1.5	10~50	0.3~0.9	Special grade CEM
F-10150		1.0	142~153	<1.0	Fluorinated membrane for electrolysis
CMI-7000		1.6	450	25~30	FC
FAS	AEM	1.0~1.4	75~130	2.0~3.0	Standard AEM
FAB		1.0~1.1	100~130	4~7	ED
FAD		1.5~1.7	75~90	0.4~0.8	Special grade AEM
FAP		1.1~1.3	130~160	1.1~1.3	
FAA-3		1.4~1.6	100~130	1.9~2.5	
FBM	BPM	-	180~200	-	ED
Astom(Japan)					
CSE	CEM	-	160	1.8	High mechanical strength for desalination
CMB		-	210	4.5	High mechanical strength, alkali resistance for ED
CIMS		-	150	1.8	Monovalent CEM
CM-1		2.0~2.5	130~160	0.8~2.0	Low area resistance
CMX		1.5~1.8	140~200	2.0~3.5	High mechanical strength
CMS		2.0~2.5	140~170	1.5~3.5	Monovalent CEM
CMB		-	220~260	3.0~5.0	High mechanical strength

Table 4.2 Characteristics of commercial ion exchange membranes(계속)

Membrane	Type	Ion exchange capacity (IEC (mEq. g-1))	Thickness (μm)	Area resistance[a] (Ω cm^2)	Characteristic
ASE			150	2.6	High mechanical strength, desalination
AHA		-	220	4.1	High mechanical strength, Alkali resistance
ACS	AEM	1.4~2.0	130	3.8	Monovalent AEM
AFX		1.5~2.0	170	1.0	High acid diffusion
ACM		1.4~1.7	110	2.6	Proton blocking for ED
AM-1		1.8~2.2	120~160	1.3~2.0	Low area resistance
BP-1	BPM	-	220~250	-	ED

Asahi glass(Japan)

Membrane	Type	Ion exchange capacity (IEC (mEq. g-1))	Thickness (μm)	Area resistance[a] (Ω cm^2)	Characteristic
CMVN		-	100	2.0	Standard CEM for ED
CMTE	CEM	-	220	4.2	High mechanical strength for ED
HSF		-	150	19	Proton selectivity for ED
CMF		-	440	2.5	High durability for ED
AMVN		-	250	2.0	Standard AEM for ED
DSVN		-	150	1.1	Low area resistance for diffusion dialysis
AAV	AEM	-	120	6.4	Low proton leakage for ED
ASVN		-	100	4.0	Monovalent AEM for ED
AHO		-	300	20	High temperature and alkali stability for ED

Chemjoy(China)

Membrane	Type	Ion exchange capacity (IEC (mEq. g-1))	Thickness (μm)	Area resistance[a] (Ω cm^2)	Characteristic
CJMCED	CEM	0.9~1.5	140~160	<2	Desalination
CJMAED	AEM	0.9~1.2	140~160	<4	Desalination
CJBPM	BPM	-	200~250	-	ED

[a]Area resistance was measured in 0.5 M NaCl at 25°C

참고문헌

[1] A. Eisenberg, H.L. Yeager, Perfluorinated ionomer membranes, ACS Publications, 1982.

[2] R.H. Wiley, S. Reed Jr, Sulfostyrenes. 1 Polymers and Copolymers of Potassium p-Vinylbenzenesulfonate, Journal of the American Chemical Society, 78 (1956) 2171-2173.

[3] P. Zschocke, D. Quellmalz, Novel ion exchange membranes based on an aromatic polyethersulfone, Journal of Membrane Science, 22 (1985) 325-332.

[4] J.A. Kerres, Development of ionomer membranes for fuel cells, Journal of Membrane Science, 185 (2001) 3-27.

[5] J. Kerres, W. Zhang, W. Cui, New sulfonated engineering polymers via the metalation route. II. Sulfinated/sulfonated poly (ether sulfone) PSU Udel and its crosslinking, Journal of Polymer Science Part A: Polymer Chemistry, 36 (1998) 1441-1448.

[6] M. Sankir, V.A. Bhanu, W.L. Harrison, H. Ghassemi, K.B. Wiles, T.E. Glass, A.E. Brink, M.H. Brink, J.E. McGrath, Synthesis and characterization of 3,3′-disulfonated-4,4′-dichlorodiphenyl sulfone (SDCDPS) monomer for proton exchange membranes (PEM) in fuel cell applications, Journal of Applied Polymer Science, 100 (2006) 4595-4602.

[7] Y. Onoue, T. Sata, A. Nakahara, J. Itoh, Process for preparing fluorine-containing polymers having carboxyl groups, in, Google Patents, 1980.

[8] S. Maurya, S.-H. Shin, K.-W. Sung, S.-H. Moon, Anion exchange membrane prepared from simultaneous polymerization and quaternization of 4-vinyl pyridine for non-aqueous vanadium redox flow battery applications, Journal of Power Sources, 255 (2014) 325-334.

[9] A. Reiner, K. Ledjeff, Anion exchange membranes consisting of poly (vinylpyridine) and poly (vinylbenzyl chloride) for cr/fe redox batteries, Journal of Membrane Science, 36 (1988) 535-540.

[10] W. Schroer, Polymerization of En-sulfur compounds, Methoden der Organischen Chemie, Stuttgart-New York, SG-NY (1987).

[11] K. Matsui, E. Tobita, K. Sugimoto, K. Kondo, T. Seita, A. Akimoto, Novel anion exchange membranes having fluorocarbon backbone: Preparation and stability, Journal of Applied Polymer Science, 32 (1986) 4137-4143.

[12] S.-B. Lee, C.-M. Min, J. Jang, J.-S. Lee, Enhanced conductivity and stability of anion exchange membranes depending on chain lengths with crosslinking based on poly(phenylene oxide), Polymer, 192 (2020) 122331.

[13] K. Urano, T. Ase, Y. Naito, Recovery of acid from wastewater by electrodialysis, Desalination, 51 (1984) 213-226.

[14] R. Xie, P. Ning, G. Qu, J. Deng, Z. Li, Z. Li, J. Li, Preparation of proton block and highly conductive AEM by creating PANI dominated and hydrophobicity ion channels for sulfuric acid enrichment, Polymers for Advanced Technologies, n/a (2021).

[15] S. Maurya, A review on recent developments of anion exchange membranes for fuel cells and redox flow batteries, RSC advances, v. 5 (2015) pp. 37206-37230-32015 v.37205 no.37247.

[16] L. Liu, C. Wang, Z. He, R. Das, B. Dong, X. Xie, Z. Guo, An overview of amphoteric ion exchange membranes for vanadium redox flow batteries, Journal of Materials Science & Technology, 69 (2021) 212-227.

[17] J. Liao, X. Yu, N. Pan, J. Li, J. Shen, C. Gao, Amphoteric ion-exchange membranes with superior mono-/bi-valent anion separation performance for electrodialysis applications, Journal of Membrane Science, 577 (2019) 153-164.

[18] F. Xuan, J. Liu, Preparation, characterization and application of zwitterionic polymers and membranes: current developments and perspective, Polymer international, 58 (2009) 1350-1361.

[19] R. Yamane, Comparison of Permselectivities of Anion Exchange Membranes for NaCl-Na_2SO_4 System, J. Electrochem. Soc. Jpn., 30 (1962) 94-97.

[20] H. Hani, H. Nishihara, Y. Oda, Cation exchange membrane having permselectivity between cations with different valency, Japan Pat, 3164 (1961).

[21] T. Sata, R. Izuo, Y. Mizutani, Study of membrane for selective permeation of specific ions, Soda to Enzo, 35 (1984) 313-336.

[22] R. Yamane, R. Izuo, Y. Mizutani, Permselectivity of the amphoteric ion exchange

membranes, Denki Kagaku, 33 (1965) 5.

[23] T. Sata, M. Tanimoto, K. Kawamura, K. Matsusaki, Electrodialytic separation of potassium ions from sodium ions in the presence of crown ether using a cation-exchange membrane, Colloid and Polymer Science, 278 (2000) 57-60.

[24] M. Oldani, E. Killer, A. Miguel, G. Schock, On the nitrate and monovalent cation selectivity of ion exchange membranes used in drinking water purification, Journal of Membrane Science, 75 (1992) 265-275.

[25] T. Sata, T. Yamaguchi, K. Matsusaki, Effect of hydrophobicity of ion exchange groups of anion exchange membranes on permselectivity between two anions, The Journal of Physical Chemistry, 99 (1995) 12875-12882.

[26] T. Sata, K. Mine, Y. Tagami, M. Higa, a. Koji Matsusaki, Changing permselectivity between halogen ions through anion exchange membranes in electrodialysis by controlling hydrophilicity of the membranes, Journal of the Chemical Society, Faraday Transactions, 94 (1998) 147-153.

[27] K.N. Mani, Electrodialysis water splitting technology, Journal of Membrane Science, 58 (1991) 117-138.

[28] K.N. Mani, F.P. Chlanda, C.H. Byszewski, Aquatech membrane technology for recovery of acid/base values for salt streams, Desalination, 68 (1988) 149-166.

[29] M.P. Mier, R. Ibañez, I. Ortiz, Influence of ion concentration on the kinetics of electrodialysis with bipolar membranes, Separation and Purification Technology, 59 (2008) 197-205.

[30] H. Strathmann, H.J. Rapp, B. Bauer, C.M. Bell, Theoretical and practical aspects of preparing bipolar membranes, Desalination, 90 (1993) 303-323.

[31] A.J. Kemperman, Handbook bipolar membrane technology, Twente University Press (TUP), 2000.

[32] H.-J. Lee, M.-K. Hong, S.-D. Han, S.-H. Moon, Influence of the heterogeneous structure on the electrochemical properties of anion exchange membranes, Journal of Membrane Science, 320 (2008) 549-555.

[33] J.M. Bernatowicz, M.J. Snow, R.J. O'hare, Methods and apparatus for the formation of heterogeneous ion-exchange membranes, in, Google Patents, 2003.

[34] Y. Oshiba, M. Kosaka, T. Yamaguchi, Chemical durability of thin pore-filling

membrane in open-circuit voltage hold test, International Journal of Hydrogen Energy, 44 (2019) 28996-29001.

[35] B. Bahar, A.R. Hobson, J.A. Kolde, Ultra-thin integral composite membrane, US Patent 5, 547, 551, 1996.

[36] B. Bahar, A.R. Hobson, J.A. Kolde, Integral composite membrane, US Patent 5, 599, 614, 1997.

[37] L. Gurreri, A. Filingeri, M. Ciofalo, A. Cipollina, M. Tedesco, A. Tamburini, G. Micale, Electrodialysis with asymmetrically profiled membranes: Influence of profiles geometry on desalination performance and limiting current phenomena, Desalination, 506 (2021) 115001.

[38] Y.-J. Choi, S.-H. Moon, T. Yamaguchi, S.-I. Nakao, New morphological control for thick, porous membranes with a plasma graft-filling polymerization, Journal of Polymer Science Part A: Polymer Chemistry, 41 (2003) 1216-1224.

[39] K. Yasuda, Y. Uchimoto, Z. Ogumi, Z.i. Takehara, Preparation of Thin Perfluorosulfonate Cation-Exchanger Films by Plasma Polymerization, Journal of The Electrochemical Society, 141 (1994) 2350-2355.

[40] O. Zempachi, U. Yoshiharu, Y. Kazuaki, T. Zen-ichiro, A Novel Ultra-thin Cation-exchange Membrane Prepared by Plasma Polymerization, Chemistry Letters, 19 (1990) 953-954.

[41] Z. Ogumi, Y. Uchimoto, M. Tsujikawa, K. Yasuda, Z.-I. Takehara, Modification of ion-exchange membrane surface by plasma process. Part 2. Monovalent cation permselective membrane from perfluorosulfonate cation exchange membrane, Journal of Membrane Science, 54 (1990) 163-174.

[42] Y.-J. Choi, M.-S. Kang, S.-H. Moon, A new preparation method for cation-exchange membrane using monomer sorption into reinforcing materials, Desalination, 146 (2002) 287-291.

[43] S. Swaby, N. Ureña, M.T. Pérez-Prior, A. Várez, B. Levenfeld, Synthesis and Characterization of Novel Anion Exchange Membranes Based on Semi-Interpenetrating Networks of Functionalized Polysulfone: Effect of Ionic Crosslinking, Polymers, 13 (2021) 958.

[44] L. Zeng, Y. Liao, J. Wang, Z. Wei, Construction of highly efficient ion channel

within anion exchange membrane based on interpenetrating polymer network for H_2/Air (CO_2-free) alkaline fuel cell, Journal of Power Sources, 486 (2021) 229377.

[45] J.-Y. Lee, J.-H. Lee, S. Ryu, S.-H. Yun, S.-H. Moon, Electrically aligned ion channels in cation exchange membranes and their polarized conductivity, Journal of Membrane Science, 478 (2015) 19-24.

전기투석의
원리와 응용

05
전기투석의
원리와 응용

전기투석은 전극electrode과 전해질용액electrolyte을 통해 공급되는 직류 전원에 의해 형성되는 전기장을 구동력driving force으로 하여 이온성 물질을 분리하는 막 분리 공정이다. 이온교환막의 선택적 투과성과 전기장에서 이동을 포함한 기본원리에 대한 전기투석의 연구는 1930년대에 시작되었다. 초기에는 무기재료를 이용한 이온교환막을 이용했으며, 이온교환막과 전기투석이 공업적으로 활용되기 시작한 것은 이온교환수지를 이용하여 전기저항이 낮은 고분자 이온교환막을 개발한 1940년대 말이었다. 이후 1950년대부터 해수의 담수화를 위한 전기투석 공정이 본격적으로 가동되었으며 이온교환막은 전기투석의 기술 발전과 함께 그 용도도 다양화하고 있다.

1980년대 이후 다양한 이온교환막의 개발이 이루어져 일본의 Asahi Chemical, Asahi Glass, Tokuyama Co.ASTOM Co. 그리고 미국의 Ionics, Dupont, 독일의 Fumatech 등에서 50여 종의 이온교환막이 제조되면서 전기투석 공정이 경제성을 갖게 되었다. 그동안 전기투석 공정의 경제적 효율성을 높이기 위해 전기저항이 낮은 이온교환막을 제조하는 것이 연구의 주된 목표였지만 최근에는 물분해를 일으키는 바이폴라막, 일가 이온만을 선택적으로 투과시킬 수 있는 막, 막오염을 줄일 수 있는 막 등과 같이 특수한 성질을 갖는 이온교환막이 제조되어 전기투석의 활용도 확산되고 있다.

5.1 전기투석의 원리

전기투석electrodialysis, ED은 양이온교환막과 음이온교환막이 교대로 배열된 전기투석조electrodialysis stack의 양단에 공급되는 직류전원에 의해 양이온과 음이온을 분리하는 막분리 공정이다. 전기투석의 원리는 Fig. 5.1과 같이 염salt이 희석실diluate compartment로 유입되면 전기장하에서 양이온(M⁺)은 양이온교환막을 통과하여 음극cathode 쪽으로 이동하며, 음이온(X⁻)은 음이온교환막을 통과하여 양극anode 쪽으로 이동하여 농축실concentrate compartment로 이동하게 되어 탈염desalination이 이루어진다. 반면 농축실에서는 양이온교환막에 의해 음이온의 이동이 차단되고, 음이온

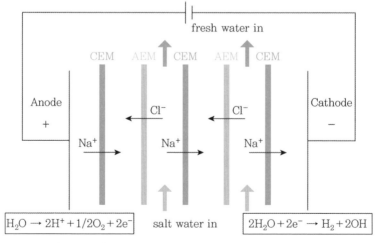

Fig. 5.1 Desalination electrodialysis(CEM: cation exchange membrane, AEM: anion exchange membrane, D: diluate compartment, C: conentrate compartment)

교환막에 의해 양이온의 이동이 차단된다. 이온교환막은 전해질용액에서 막 내부의 고정이온fixed ions의 작용에 의하여 연속적으로 상대이온counter-ions을 이동시킨다. 전류가 공급되면서 희석실의 이온 농도는 계속 낮아지고, 농축실의 이온 농도는 높아진다.

양이온교환막과 음이온교환막 사이에는 유로를 형성시키기 위해 스페이서가 있는 개스킷을 배열하게 되고 액실compartment을 구성한다. 개스킷은 유체의 누출을 막기 위해 유연성 있는 고분자재료를 이용하되 스택을 체결하는 압력을 견딜 수 있는 강도를 가져야 한다. 스페이서는 양이온교환막과 음이온교환막 사이에서 희석실과 농축실의 공간을 확보하여 유체의 흐름을 유지하도록 한다. 또한 유체가 정체되는 공간이 최소화되어어야하고 막 표면에서 층류현상에 의한 농도분극이 발생하지 않도록 해야 한다.

전극은 백금, 타이타늄, 고순도 스테인레스스틸이 이용된다. 실험실에서는 타이타니아판에 백금코팅의 전극이 많이 이용된다. 백금코팅은 수 μm 두께이며 사용시간에 따라 다르지만 일반적으로 5~10년의 수명을 갖는다. 전극의 손상은 화학물질에 의한 오염도 있지만 전극실의 과전압overpotential에 의한 전극반응으로 코팅물질이 산화되는 경우도 있다. 일반적으로 평판형 전극이 많이 이용되고 있지만 탄소봉을 전극으로 이용하면서 주기적으로 교체하는 경우도 있다. 간단한 전기투석장치에서는 스테인리스스틸이나 니켈 망이 이용되기도 한다. 전극액에서는 전자이동을 수반하는 산화환원반응이 일어나고 총전하가의 변화에 따른 이온의 이동이 수반된다. 전기탈이온EDI같이 비교적 순수에 가까운 원수가 농축실에 공급될 때는 전극액을 별도로 공급하지 않지만 일반적으로 전극액은 산화환원반응에 민감하지 않은 용액을 이용한다. 전극에서 일어나는 산화환원반응에 따라 기체를 발생하기 때문에 안정한 형태의 전해액을 이용해야 한다. 전극액 중 양이온으로는 Na, K 이온이 안정하고 음이온으로는 SO_4^{2-}가 안정하다. Cl^-, NH_4^+ 이온은 전극의 백금코팅을 손상시키는 것으로 알려져 있다. 전극실과 접해 있는 희석실이나 농축실은 전극실과의 이온이동을 고려하여 마지막 멤브레인을 결정한다. 예를 들어 Fig. 5.1과 같이 양단이 양이온교환막으로 배열되면, 처리액과 같은 양이온이 전극액으로 유출되면서 전극액에서 양이온의 농도는 유지된다. 다만 처리액의 불순물로 존재하는 양이온이 전극액을 오염시킬 수 있다. 전극액의 오염을 방지하기 위해서는 음극cathode 직전에 음이온교환막을 배열하면 전극액 중 음이온이 소모되면서 전극실의 오염을 방지할 수 있다. 이 경우 전극액의 성분들을 정기적으로 공급해주어야 한다. 전극실의 이온교환막 배치는 전극액과 공정생산액 중 더 중요한 용액을 오염시키지 않는 목표로 결정되어야 한다. 전극실에서 발생되는 기체는 산화 환원력이 있는 기체이므로 분리되어 배출되어야 한다. 또한 전극실에 접하는 이온교환막은 산화환원력에 안정한 재질이어야 한다. 대규모 스택의 경우에는 전기 시설의 안전 규정에 의해 설치되어야 한다. 고전압 안전규정에 따라 최고 인가 전압이 결정되기도 한다.

5.2 공정 설계

5.2.1 전기투석 스택의 구성

전기투석 장치는 Fig. 5.2에서 보여주는 바와 같이 양단의 지지판end plate 안쪽에 전극electrode이 있다. 이어서 전극액electrode solution을 순환시키는 전극실electrode compartment이 있다. 전극액은 전극에서 일어나는 산화환원반응에 필요한 이온을 포함하고 있다. 전극실 안쪽으로 양이온교환막과 음이온교환막이 교대로 배열되면서 농축실과 희석실이 연속으로 구성된다. 양이온교환막과 음이온교환막 사이에는 적절한 유로를 형성시키기 위해 스페이서가 있는 개스킷을 배열하게 되고 이렇게 형성된 공간에 전해질용액이 통과하게 된다.

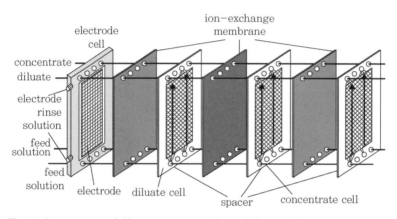

Fig. 5.2 Concentrate and diluate stream in an electrodialysis stack

일반적으로 수십에서 수백 장의 양이온교환막과 음이온교환막 셀이 한 스택 내에 구성된다. 셀의 두께가 증가함에 따라 용액의 저항이 증가하기 때문에 가능하면 막간 거리(스페이서의 두께)는 얇게 설계되어야 한다. 상용화된 전기투석 공정에서는 0.5~2 mm의 두께로 제작된다. 스페이서는 각 이온교환막 사이에서 막을 지지하고 흐름의 고른 분산을 위하여 사용한다. 전기투석 공정 설계에서 용액의 혼합이 이루어지고, 최소 압력 조건에서 고른 유로 분포가 이루어지기 위해서 스페이서는 중요한 의미를 지닌다. 대부분의 전기투석 스택은 구부러진 유로tortuous path와 평판유로sheet flow로 나누어진다. 이 중 구부러진 유로는 15~50 cm/s로 높은 선속도로 운전이 가능한 반면, 평판유로는 5~10 cm/s이다. 일반적으로 혼합유로는 빠른 유속과 긴 흐름으로 평판유로보다 높은 압력을 보인다[1]. 한 스택 내에서 막의 수가 많아지면 막의 기계적인 지지가 어려워

지고 용액의 누출 가능성이 높아지므로 30~50쌍의 막을 sub-unit으로 구성하여 분리판을 중간에 설치하게 된다. 전기투석 장치는 스택 부피당 최대 유효 막면적이 설치되어어야 하며 각 실의 용액의 흐름이 고르게 이루어질 수 있도록 해야 한다. 스택은 대부분은 평판형으로 제작되어 이용되고 있지만, 나선형spiral wound 전기투석이나 원통형 전기 탈이온장치도 제안되었다[2].

다음 그림(Fig. 5.3)은 실험실 규모의 평판형 전기투석 스택의 조립 과정을 보여준다.

(a)는 미리 준비된 지지판과 전극 관련 재료와 부품을 보여준다. (b)는 전극 연결 단자가 안전하게 빈 공간이 있는 스탠드 위에 지지판을 수평으로 놓고 전극과 전극실을 조립하는 절차이다. (c)는 개스킷과 스페이서를 놓고 양이온교환막을 놓는다. 그 위에 다시 개스킷과 스페이서를 놓고 그 위에 음이온교환막을 놓는다. 여기에서 두개의 개스킷은 각각 희석실과 농축실을 구성하도록 다른 유로를 선택해야 한다. 그리고 원하는 셀 수에 따라 이 과정을 반복한다. (d) 반대편 전극을 조립한 후 스택 전체를 볼트로 조인다. 이때 조이는 힘은 모든 위치에서 고루 미치도록 대각선으로 순서를 정하고 최고 압력이 일정하도록 기기torque wrench를 사용한다. 조립이 끝나면 희석실과 농축실에 따로 물을 흘려 유로가 정확히 배열되었는지와 새는 부분은 없는지 확인한다. 조립이 끝난 스택에는 물을 넣고 밀봉하여 이온교환막이 건조되지 않도록 한다. 장기적으로 사용하지 않을 때는 주기적으로 순환시켜 유로의 막힘을 방지한다.

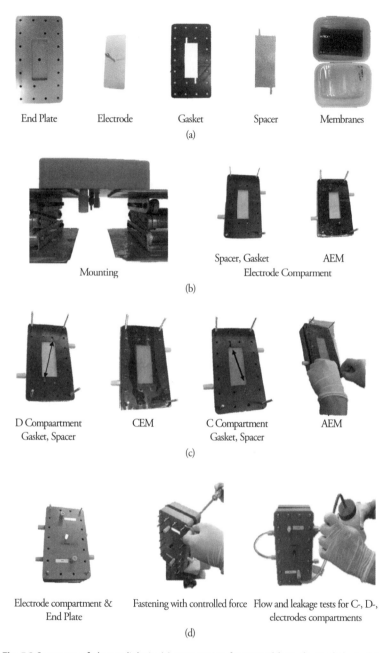

Fig. 5.3 Structure of electrodialysis. (a) preparation for assembling electrodialysis, (b) mounting the stack for the assembling process, (c) repetition of the cation and anion exchange membrane, (d) assembling the stack and leakage tests

5.2.2 공정 설계

전기투석 공정은 이온교환막의 특성, 에너지 소비, 처리 용량, 유입수의 조건, 이온의 제거 효율, 농축액의 처리 등을 고려하여 설계하게 된다. 초기 투자비용capital cost은 전기투석 스택, 펌프, 전기설비, 막 등 감가상각 설비와 토지, 임금 등 비감가상각비 등으로 구분될 수 있다. 이는 전체 막면적 등에 직접적으로 영향을 받는다[3]. 이에 비해 운전비용operating cost은 탈염 공정의 에너지 소비 비용과 펌핑 비용 등을 들 수 있다. 펌핑 비용의 경우 용액의 농도와 무관하지만, 에너지 소비는 공급수의 회수율, 온도 등에 따라 달라진다.

정전류조건에서 연속 운전할 때 유효 막면적은 농도의 변화(ΔC)에 비례한다.

$$A = \frac{zFQ\Delta CN}{i\xi} \qquad \text{(Eq. 5.1)}$$

A는 셀페어의 유효면적, Q는 희석액의 유입속도, i는 전류밀도, ξ는 전류효율이다.

정전압 조건에서 저항은 이온 농도의 함수이므로 이온교환막이 선정되면 전압과 전류의 관계식을 구한다. 농도에 따라 전류밀도가 변화하는 관계식을 이용하면 시행착오법을 이용해 탈염 농도에 따른 유효막면적을 예상할 수 있다[4].

일반적으로 전류밀도가 증가함에 따라 에너지 비용은 증가하지만 막면적은 감소한다. 따라서 초기 투자 비용, 에너지 비용, 운전 비용을 합한 총탈염비용이 최소가 될 수 있는 전류밀도를 설정해야 한다. 이를 위하여 공급 전류밀도 대비 비용의 그래프를 통해 경제적인 운전이 가능한 전류밀도가 구해져야 한다. Fig. 5.4에서 보는 바와 같이 운전 전류밀도(i_{prac})는 한계전류밀도(i_{lim})보다 낮게 설정하여 운전하는 것이 안전하고 에너지 소비를 최소화한다. 일반적인 전기투석 공정의 전류밀도는 용액의 전기전도도에 따라 10~100 mA/cm^2 범위에서 결정된다.

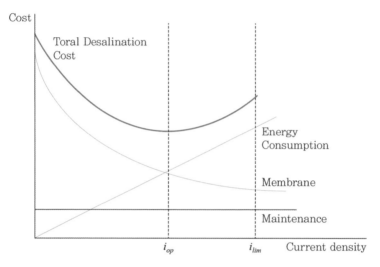

Fig. 5.4 Desalination cost depending on the current density

또한 전기투석 공정의 유입수 농도가 높아지면 제거할 이온의 양이 많아지고 전력 소모가 증가하기 때문에 운전비용이 높아진다. 약 500 mg/L의 염농도 조건에서 전기투석이 가장 경제적인 공정이며, 염농도가 증가함에 따라 탈염 비용이 현저하게 증가한다. 일반적으로 매우 낮은 염농도 조건에서는 이온교환수지를 이용하는 것이 경제적이다. 한편 5,000 mg/L 이상의 농도 조건에서는 전기투석의 경제성이 감소하며 역삼투reverse osmosis, RO가 경제적인 공정으로 볼 수 있으며, 해수 등 100,000 mg/L 고농도 조건에서는 증발법distillation이 경제적인 공정으로 알려져 있다[1]. 그러나 탈염공정의 선정은 에너지 소비 외에도 농축액의 활용, 설치의 용이성, 장치의 유지관리가 동시에 고려되어야 한다. 소규모 담수화 공정에는 농축액의 활용과 유지관리의 용이성으로 다단계 전기투석이 이용되기도 한다.

5.3 전기투석 공정 운전

5.3.1 운전방식

정전압과 정전류 운전

스택에 전류를 공급하는 방식은 두 가지가 있다. 일정한 전압을 유지하는 정전압 방식과 일정한 전류를 유지하는 정전류 방식이 있다. 정전압 방식은 전압이 고정되기 때문에 스택의 저항이 증가하면 전류가 감소하게 된다. 따라서 스택에 과전류가 흐르게 될 위험성은 없지만 스택의 저항에 따라 이온의 플럭스가 변하게 된다. 한편 정전류 운전은 전기저항과 관계없이 일정한 전류를 공급함으로 일정한 이온 플럭스를 유지하게 된다. 따라서 전기투석의 성능이 농도에 관계없이 유지된다. 정전류 방식의 경우 희석액의 이온 농도가 감소하거나 막오염으로 전기저항이 증가하게 되면 일정한 전류를 유지하기 위해 전압이 상승하게 된다. 이때 과전압이 공급되면 물분해현상이 일어나거나 막과 전극의 손상이 발생할 수 있다. 따라서 정전류 방식의 전원 공급 장치에는 과전압 차단 기능이 포함되어야 한다. 연속식 운전이나 용액의 농도가 비교적 고농도 범위에서 운전될 때에는 정전류 방식의 운전에서 시스템의 성능을 최대화할 수 있다. 용액의 농도 변화가 큰 회분식 운전이나 저농도 용액의 운전에는 정전압 방식이 안전한 운전 방법이다[4].

회분식 운전과 연속식 운전

회분식batch 운전은 희석조의 용액을 재순환하는 방식으로 희석액원료의 이온이 농축액으로 이동하여 전기전도도가 일정 수준 이하로 내려갈 때까지 운전하는 것이다. 비교적 소량의 용액을 처리하거나 높은 회수 효율이 필요한 경우 회분식 운전을 하게 된다. 회분식 운전은 초기 고농도에서 정전류 방식으로 운전 한 후 희석조의 농도가 낮아지면 정전압 방식으로 전환하게 된다. 연속식continuous 운전은 탈염 기능을 우선으로 하는 전기투석에서 희석액을 일회 통과하는 운전방식이다. 이 방식은 이온의 회수율이 낮지만 대량의 유입수를 처리할 수 있는 장점이 있다.

Fill-and-draw 방식

회분식 운전의 단점을 보완하기 위한 Fill-and-draw 운전 방식이 있다. Fig. 5.5와 같이 원료를 공급하는 저장조와 별도로 스택의 희석액을 순환시키는 희석조를 설치하여 일정시간 회분식으로 운전하지만 희석액의 농도가 낮아지면 스택의 운전을 중단하지 않고 희석액을 배출하고 다

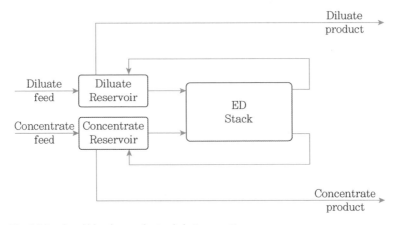

Fig. 5.5 Feed and bleed type electrodialysis operation

시 새로운 희석액(원료)을 공급하는 방식으로 스택에서는 실질적인 연속 운전이 이루어지는 방식이다. 이 방식은 고농도에서 정전류 방식, 저농도에서 정전압 방식을 반복하여, 정전류 운전으로 주어진 장비의 효율을 최대화하고, 정전압 방식으로 목표한 탈염농도에 도달하는 회분식 운전을 연속적으로 수행하게 된다.

5.3.2 이온교환막의 막오염현상

막오염현상의 이해

전기투석 공정에서 막오염현상은 운전 중에 전기저항을 증가시키거나 공정의 효율을 감소시키고 막의 수명을 단축하기도 한다. 이온교환막은 기공이 없어 압력차에 의해 운전되는 다공성 막에 비해 물리적 막오염은 적은 편이지만 이온과 막 물질의 전기적 친화력에 의한 오염은 쉽게 발생할 수 있다. 특히 유기물 및 침전이 형성되는 무기이온 물질을 포함하고 있는 해수나 산업 폐수에서는 이온교환막이 쉽게 오염될 수 있다[5-7]. 이들 물질들로 인한 막오염현상으로 플럭스가 감소하면 전기투석 공정의 효율은 감소하게 된다. 이온교환막에 대한 주요 오염원은 Table 5.1에서 보여주고 있는 바와 같이 무기침전물, 콜로이드, 유기물 등으로 나눌 수 있다. 대부분의 오염원은 전하를 띠고 있어서, 이온교환막의 농도분극현상과 막오염현상을 일으킨다[8].

일반적으로 약산이나 유기물들은 pKa 7 이하의 물질이 많아 중성의 pH에서 음이온을 나타내는 이온이 많다. 따라서 양이온교환막보다는 음이온교환막에서 오염현상이 많이 발생하게 된다. 이온교환막에서 오염물질의 종류에 따라 서로 다른 기작에 의해 오염을 일으키게 된다. 분자량이 커서 막을 투과할 수 없는 고분자 유기물은 이동 중에 막의 표면에 침착된다. 이러한 유기물에 의한 막오염은 적절한 화학적 세척 방법에 의

Table 5.1 Membrane foulants in electrodialysis

floulants	fouling mechanism	source material	Prevention and cleaning
scale (neutral)	formed on membrane surface, reduce the flux and process efficiency	$CaSO_4\cdot2H_2O$, $BaSO_4$, $CaCO_3$, $SrSO_4$, SiO_2	• reduce recovery • pH control • Cleaning with EDTA, Ammonium bifluoride etc. • use antiscalant
colloids (negative charge)	suspended in solution or on membrane surface	SiO_2, $Fe(OH)_3$, $Al(OH)_3$, $FeSiO_3$, $Cr(OH)_3$	• pretreatment (MF or UF) • high linear velocity • pH control
organics (negative charge)	adsorbed on membrane surface, reduce the flux and process efficiency	High MW organics, proteins, humic acids	• pretreatment (MF or UF) • adsorption (activated carbon) • NaOH cleaning

해 제거될 수 있는 가역성 오염원reversible fouling이다.

이온교환막을 통과할 수 있을 정도의 작은 분자량을 지닌 유기물은 전해질의 무기이온에 비해 낮은 전기이동도electric mobility를 가지고 있어서 막의 내부에 존재할 가능성이 높고, 이 경우 전기저항을 증가시키게 된다. 이러한 유기물에 의한 오염은 원래의 전기저항을 회복시킬 수가 없는 비가역성 오염irrversible fouling을 일으키게 된다. 다만 수백 이하 분자량이 매우 작은 유기오염원은 화학적 세척을 통하여 어느 정도 막저항을 회복시킬 수 있게 된다[8]. 분자의 크기와 관계없이 막재료와 강한 화학적 결합력이 있는 오염 물질이나 고분자 물질을 분해할 수 있는 산화력이 있는 물질은 막의 기능을 회복할 수 없는 오염을 발생시킨다.

전기투석 공정에서 막오염 속도는 오염원 및 이온교환막의 물리화학적, 전기동력학적 성질에 따라 다르지만, 막오염의 진행은 1차적으로 스택의 전기저항의 변화에서 관찰된다. 각 이온교환막의 막오염 경향은 공정 전후의 물리화학적·전기화학적 인자의 특성치 변화를 통하여 평가할 수 있다. 주로 사용되는 특성은 전기저항, 소수성hydrophobicity/친수성hydrophilicity, 제타전위zeta potential, 이온교환능력, 함수율swelling capacity 등이다[9].

동일한 유기오염원이라도 양이온교환막과 음이온교환막의 오염 경향은 각 이온교환막의 물성에 따라 다른 경향을 보이기 때문에 스택 내의 양이온교환막과 음이온교환막의 전기저항을 별도로 측정하여 평가한다. 이러한 오염경향은 고농도 오염원을 포함하고 있는 용액을 희석실와 농축실에 순환시켜 오염물의 막 표면 흡착 가능성을 조사하여 평가하기도 한다. 막의 전기저항 외에 전류효율, 막의 이동수 변화, 이온 농도의 변화, 이온 플럭스, pH 변화 등에서 간접적인 평가가 가능하다. 광학현미경이나 전자현미경으로 표면을 관찰하여 표면에 흡착된 오염물질이나 막 표면의 성상을 직접 조사하기도 한다. 물분해현상, 농도차에 의한 막전위 형성, 역 확산back diffusion이 일어나는 경우에는 전도도나 pH 등의 변수만으로 막오염현상을 정확하게 설명하기 어려울 수 있다. 또한 전기투석이 정전류 조건에서 운전될 때는 가해준 전류의 양에 따라 이온의 투과속도가 결정되기 때문에 전류효율이나 투과속도는 오염된 막이라 할지라도 어느 정도는 성능을 유지하게 된다.

이온교환막의 막오염지수

이온교환막의 막오염현상은 다양한 조건에서 다양한 형태로 일어난다. 공통적으로 운전시간이 길어짐에 따라 막 표면에 오염물질이 쌓인다. 형성된 오염층은 이온의 이동속도를 감소시키고 막의 전기저항을 증가시킨다. 막오염현상을 평가하기 위해 정량적인 기준이 필요하다. 정밀여과나 한외여과와 같이 압력차를 구동력으로 하는 막 공정의 막오염지수와 유사한 전기투석 막오염지수electrodialysis fouling index or EDMFI를 정의하였다[10].

전기투석의 운전시간이 경과하면서 이온교환막의 표면에 젤 형태의 오염물이 축적되고 젤층의 두께에 비례하여 전기저항이 증가하게 된다. 따라서 오염층에 의한 전기저항은 운전시간동안 이용된 전하량(Q)에 비례한다. 운전시간에 관측된 저항 (E/I)를 전하량에 대해 그래프에 표시하면 선형관계를 이룬다. 이때의 기울기가 EDMFI가 된다.

Table 5.2 Fouling index for electrodialysis(EDMFI)

	MFI (Membrane fouling Index)	EDMFI (Electrodialysis membrane fouling index)
Driving force	Pressure	Electric potential
Fouling mechanism	Cake filtration theory	Gel layer formation
Equation	$\dfrac{t}{V} = \dfrac{\eta R_m}{\Delta PA} + \dfrac{\eta I}{2\Delta PA^2} V$	$\dfrac{E(t)}{I(t)} = R_m + \dfrac{c_b R_c}{c_g A^2} Q(t)$
Definition of fouling index	$\dfrac{\eta I}{2\Delta PA^2}$ (Gradient in the plot t/V vs. V)	$\dfrac{c_b R_c}{c_g A^2}$ (Gradient in the plot of $E(t)/I(t)$ vs. $Q(t)$)

$$\frac{E(t)}{I(t)} = R_m + \frac{c_b R_c}{c_g A^2} Q(t) \qquad \text{(Eq. 5.2)}$$

정전류 운전 시에는 $Q(t) = It$가 되어 E/I^2를 시간에 대해 표시하면 선형관계가 된다.

5.3.3 이온교환막의 오염 제어

물리화학적 오염 저감 기술

여러 가지 다른 오염원의 성질 때문에 모든 오염을 동시에 방지하기 위한 완벽한 방법은 없지만, 주로 시도되는 운전 방법은 스택의 유체역학적인 조건의 변화, 오염원을 포함하고 있는 용액의 전처리, 막 개질 등을 들수 있다[11]. 스택의 유체역학적인 조건에서 높은 유속과 레이놀즈Re 수를 유지하면 농도 분극이 감소하고 오염속도도 줄어들게 된다. 한편, 농도와 오염원의 종류에 전처리 과정을 통해 오염물의 유입을 줄이는 방법으로는 정밀여과나 한외여과를 이용한 고형물질 제거, 화학적인 침전을 통한 이온성 물질 및 유기물의 제거, 전하 변화를 통해 막오염 물질과 막의 전기적 반발력을 위한 pH 조절, 활성탄 등을 이용한 유기물 흡착 등을 들 수 있다[9].

일반적으로 이온교환막 공정에서 1 μm 이상 크기의 입자를 제거할 수 있는 전처리가 요구된다. 막의 성질(막기공 분포, 친수성/소수성, 제타전위, 막의 재질, 막의 표면상태)도 오염현상과 관계되는 것으로 알려져 있어 오염제어를 위한 방법으로 막의 개질이 필요한 경우도 있다. 치밀한 분자구조를 지닌 막은 쉽게 오염되지 않고, 막의 표면이 거칠수록 오염이 쉽게 일어난다. 바이폴라막을 이용하는 경우 경도물질이 유입되면 물에서 분해된 수산기와 결합하여 막 표면에 용해도가 낮은 수산화물의 침전을 형성하게 된다. 따라서 유입수의 경도물질 농도는 5 mg/L 이하로 유지되어야 한다.

이온교환막에서 일어나는 오염 중 많은 부분이 전기적인 친화성으로 발생한다. 이 오염은 유입 용액과 막 표면 간의 제타전위에 의해 측정된다. 제타전위는 1장에 설명되었다. 큰 제타전위를 가진 성분은 운전 중 이온교환막에 결합될 가능성이 있다. 따라서 이러한 물질은 흡착제나 결합제를 이용해서 제거하거나 pH 조절을 통해 제타전위를 0에 가깝게 하면 막오염을 최소화할 수 있다[12].

전기장의 변화를 이용한 오염속도 제어

대부분의 오염원은 전하를 띠고 있기 때문에 전기장을 이용한 막오염 제어가 가능하다. 대표적으로 한외여과, 정밀여과 공정에서 막의 표면에 침착된 유기 오염물질을 제거하기 위해 시도되었으며 전기투석 공정에서도 펄스효과를 지닌 직류전원을 사용하여 오염제어가 연구되었다. 이 결과에 의하면 전기장의 세기, 펄스 간격, 펄스 지속시간의 변수 최적화를 통해 오염원의 전기화학적 특성을 변화시켜 유기물에 의한 전기투석 막 오염 속도를 제어할 수 있다. 즉 특정한 주파수의 펄스효과에 의해 오염 원이 막 표면에 침착되는 것을 줄이고, 이미 축척된 오염층의 CIPcleaning-in-process(공정 세척) 방법으로도 이용 가능함을 보여주었다[8,11].

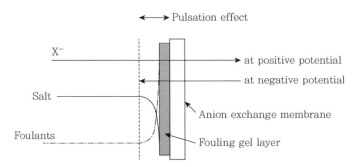

Fig. 5.6 Pulsation effect of a fouled membrane

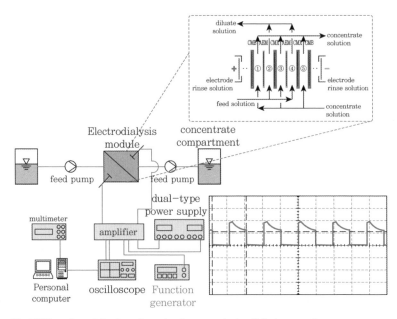

Fig. 5.7 Experimental set-up for pulsed-power electrodialysis operation

오염된 막의 세척(Cleaning in place)

운전 중 전기저항이 증가하면 막의 세척을 고려하게 된다. 막세척 방법과 주기는 오염원의 종류, 막의 세척액에 대한 물리화학적 내구성 등에 따라 고려되어야 한다. 막세척 방법은 수력학적 세척hydrodynamic cleaning, 화학적 세척chemical cleaning, 기계적 세척mechanical cleaning 등이 있다. 막오염 정도가 심하지 않은 경우 증류수를 이용한 수력학적 세척이 가능하며, 다음으로 화학적 세척이 이용된다. 세척제로는 산, 염기, 계면활성제, 효소 등이 있다. 일반적으로 유기오염원인 경우 염기용액, 무기오염원인 경우 산용액을 사용하게 되며, 화학적 세척을 위한 용액의 농도는 오염의 정도나 막의 특성에 따라 달라질 수 있다. 산 용액은 0.35 wt% HCl, 염기 용액의 경우 1.0 wt% NaOH가 주로 이용된다. 화학적 세척이나 수력학적 세척이 불가능한 경우 스택을 열고 막을 부드러운 천이나 섬유로 닦은 후 화학적 세척을 한다. 이와 같이 세척을 한 후에도 초기 성능의 50~70%에 미치지 못할 경우 막을 교체하게 된다. 세척주기가 짧아질 경우 막의 오염을 제거하기 위해 전류의 방향을 주기적으로 바꾸는 공정EDR이 이용되고 있다.

5.4 EDR

연속적으로 운전되는 전기투석에서 오염속도를 제어하거나 최소화하는 시스템이 필요하게 되었고, 이 목적을 위해 EDRelectrodialysis reversal 시스템이 개발되었다. EDR 시스템에 대한 기본원리는 Fig. 5.8에 나타나 있다. EDR 공정에서 극성 역전polarity reversal에 의해 탈염부는 농축부로 되고 농축부가 탈염부로 되면서 분리가 되며, 농축실에서 형성된 스케일이나 염의 침전물들이 역전 전류에 의해 빠르게 배출되고, 스케일이나 염을 매우 효과적으로 제어할 수 있다. 순수제조를 위한 EDR의 운전 예로 12분 운전-3분 세척의 주기로 운전되지만, 운전이나 유입수 조건에 따라 조절될 수 있다.

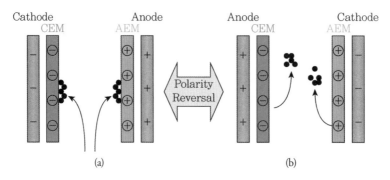

Fig. 5.8 Principle of EDR. (a) before polarity reversal, (b) after polarity reversal

EDR은 오염원이 막 표면에 침적되는 속도를 제어할 수 있어, 막오염을 감소시켜 운전시간을 증가시키고 세척 등을 위한 화학약품의 사용량을 최소화할 수 있다. 따라서 EDR은 연속 공정, 대용량 전기투석 그리고 고농도 오염물질을 포함한 경우, 일반적인 전기투석보다 우수한 성능을 보인다[13].

EDR에서는 다소 복잡한 유로의 구성과 제어 시스템이 필요하다. 극성이 바뀔 때마다 농축액과 희석액도 변하기 때문에 스택과 저장조의 연결 유로를 변경해야 한다. EDR이 적용될 수 있는 공정들은 다음과 같다.

- 기수brakish water로부터 음용수 제조[14]
- 높은 경도 물질을 포함한 지하수에서 음용수 제조
- 산업용수의 탈염 공정

- 산업폐수에서 무기이온의 농축
- 불소나 황산염을 포함한 지하수의 처리
- 폐수를 처리하여 냉각탑의 보충수 공급

이 응용사례들은 대부분 이온교환막을 쉽게 오염시킬 수 있는 무기물질들이 포함되어 있다. EDR 공정은 이러한 오염원으로부터 이온교환막을 보호하고 오염속도를 낮추어 전기투석의 경제성을 높일 수 있다. 또한 미량의 무기이온이 포함된 원수의 처리에서는 흡착제 사용에 비해 공정이 단순하다. 저농도 염의 제거에서도 역삼투법에 비하여 에너지 소모가 적어 경제성이 입증되었다[15].

5.5 전기투석 응용

5.5.1 탈염 전기투석(Desalting electrodialysis)

최초의 대규모 전기투석 공정은 기수 또는 해수의 탈염에 이용되었다[16]. 수처리 분야에서는 물의 연수화 공정, 질산성 질소 제거 공정, 이온성 오염제거 정수처리 공정, 중수도 공정 및 고도정수처리 공정 등에 적용된다. 상수원에는 여러 가지 다양한 무기이온 등이 포함되어 있다. 이러한 이온들이 고농도로 함유되어 있는 경우 이온교환법이나 한외여과 등의 압력을 구동력으로 하는 막분리 공정이 적용될 수 있고, 저농도 무기이온의 선택적 제거에는 전기투석 공정이 유리하다.

폐수처리 공정에서 전기투석을 응용하고 있는 분야로서 도금폐수와 정유폐액의 탈염 등이 있다. 가장 널리 알려진 전기도금폐수 공정은 공업용수의 재순환 및 금속이온의 회수가 목적이다. 또한 구리-도금 공정,

시안은-도금 공정 등에 응용이 되고 있다. 이 외에 질산나트륨 농축, 황화나트륨의 농축 및 회수, 염화칼슘 등의 농축 및 회수에 전기투석을 이용하고 있다. 식품공업, 제약공업, 생물산업에서의 전기투석 공정의 응용은 비교적 최근에 시작되었으며, 폐기물 발생의 저감과 산업 용수의 재사용 측면에서 기술의 수요가 증가하고 있다. 전기투석을 이용하여 유기산이나 아미노산 발효 공정에서 발생하는 폐액을 처리하여 비료와 동물 사료로 활용함으로써 폐자원의 재활용, 아미노산 생산공정의 단순화가 가능하며, 폐액 중 염의 발생을 방지하여 폐수처리비용을 최소화할 수 있다[17-20]. 기타 식품산업에서는 유가공품 제조업의 탈염공정, 식염제조 공정, 당sugar 정제 과정에서의 탈색 공정, 과일 주스나 발효 알코올에서 최종 제품의 품질을 개선하기 위한 정제 과정으로 폭넓게 개발되고 있다.

5.5.2 물분해 전기투석

양이온교환막과 음이온교환막이 결합된 바이폴라막에서는 일정 수준의 전압이 인가되면 물이 수소이온과 수산이온으로 분해되는 현상이 일어난다. 이 현상은 전극반응에서 기체 발생과 함께 일어나는 물분해보다 이온분리에 의해 산염기반응에 유용하다.

물분해 전기투석water splitting electrodialysis, WSED 공정은 기존의 전기투석에 물분해를 일으키는 바이폴라막을 도입한 공정이다. 바이폴라막은 양이온과 음이온교환층이 결합된 형태의 막으로서 역방향 바이어스(reverse bias-H$^+$을 음극으로 OH$^-$을 양극으로 끌어당겨 전류가 흐르지 않는 상태), 즉 바이폴라막의 양이온교환층이 음극을, 음이온교환층이 양극을 향하고 있는 상태에서 물분자를 수소이온(H$^+$)과 수산화이온(OH$^-$)으로 분해한다. WSED 공정은 산/염기를 생성하기 위해 이용되었던 기존의 전해 공정을 대체할 수 있는 효과적인 방법이다. 전극에서의 물분해반응을 이용하는 기존의 전해 공정은 매우 넓은 전극면적을 요구하여 전류효율이 낮아 에너지효율이 떨어진다. 이에 반해 바이폴라막을 이용한 WSED 공정은 스케일업이 용이하며 전해법에 비해 에너지 소모량도 낮은 편이다.

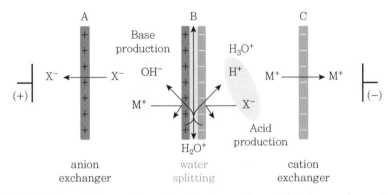

Fig. 5.9 Water splitting reaction with a bipolar membrane(B: bipolar membrane, A: anion exchange membrane, C: cation exchange membrane)

$$\Delta G = F\Delta E = 2.3RT\Delta pH \qquad\qquad (\text{Eq. } 5.3)$$

여기서 ΔE는 바이폴라막과 전극 사이의 전압차이며 ΔG는 이론적인 물분해에 요구되는 가역적인 자유에너지변화이다[21].

WSED 공정에서 NaOH 1 ton을 생산하기 위한 이론적인 에너지 소모량은 600~700 kWh 정도이며 실제로는 WSED stack에서 발생하는 오믹저항 등에 의해 에너지 소모가 다소 증가한다. 최근 Neosepta® BP1과 같은 고성능 바이폴라막의 개발로 WSED 공정의 에너지 효율은 더욱 향상되었다. 실제적으로 WSED 공정은 50에서 150 mA/cm²의 전류밀도에서 운전이 되며, 이때 바이폴라막의 물분해 전압은 0.9에서 1.1 V 정도이다[22]. 그러나 WSED 공정의 물분해 특성은 시스템을 구성하는 각 이온교환막의 이온선택성 및 이온 확산에 의하여 결정되며 이에 따른 문제점들이 발생되기도 한다[23]. H$^+$ 이온투과도를 최소화시킨 수소이온차단 음이온교환막Neosepta® ACM 등 기능성 이온교환막들은 WSED 공정의 효율을 높이는 데 사용될 수 있다. 따라서 분리목적에 따라 적절한 막 선택 및 공정 설계가 효율적인 WSED 공정의 운전을 위해 필요함을 알 수 있다.

전형적인 WSED 스택은 Fig. 5.10와 같이 양이온교환막-바이폴라막-음이온교환막으로 반복되는 구조이다. 이 구조는 순수한 산과 순수한 염기를 동시에 생산하는 운전형태이다.

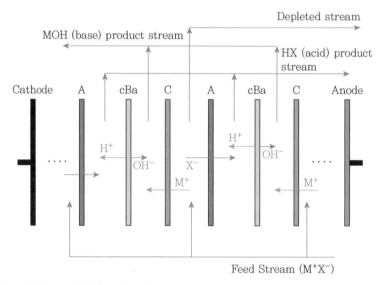

Fig. 5.10 Typical WSED stack configuration

WSED 공정은 환경 오염저감 및 자원회수에 적합한 기술이다. 지금까지 보고된 적용 사례들은 다음과 같다[22].

• 도금 공정의 산폐수에서 불산과 질산의 회수

• 이산화황 흡수탑에서 사용된 NaOH 회수

• 우라늄 전환 공정에서 질산과 암모니아의 회수

• 알루미늄 주조 공정에서 dimethyl isopropyl amine의 회수

• 연소기체 탈황 공정

• 발효액에서 젖산이나 다른 유기산의 회수

• Sodium ascorbate에서 비타민 C 생산

• Sodium gluconate에서 gluconic acid 생산

• 발효액에서 아미노산 생산

Fig. 5.10과 같은 바이폴라막－음이온교환막－양이온교환막으로 반복되는 구조는 순수한 산과 순수한 염기를 동시에 생산할 수 있는 장점이 있다. 반면 높은 멤브레인 비용과 에너지 비용이 요구된다. 따라서 WSED의 셀 구조는 운전 목적에 따라 몇 가지 변형된 형태가 가능하다. Fig. 5.11 바이폴라막－양이온교환막으로 반복되는 단순화된 구조는 강염기를 포함한 염에서 순수한 염기를 회수하며, Fig. 5.12의 바이폴라막－음이온교환막의 구조는 강산을 포함한 염에서 순수한 산을 회수할 수 있게 한다. 이온교환수지를 포함한 WSED 공정이 CEDI에서 초순수 제조에 응용되기도 한다. 음이온교환막과 얇은 양이온교환층이 결합된 바이폴라막은 물분해와 음이온투과를 동시에 수행하는 반응분리 전기투석으로 연구되었다[24].

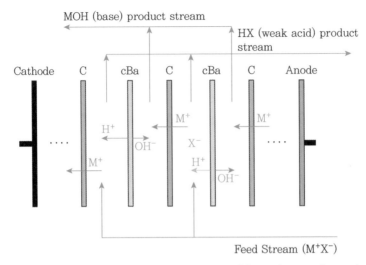

Fig. 5.11 Water-splitting with a simplified BPM-CEM cell for production of strong base

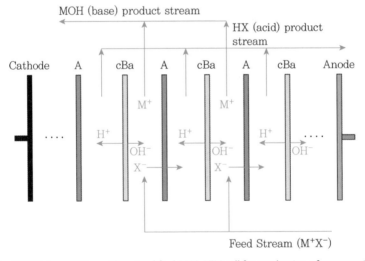

Fig. 5.12 Water-splitting with a simplified BPM-AEM cell for production of strong acid

참고문헌

[1] H. Strathmann, Electrodialysis in Membrane Handbook: W. Ho, K. Sirkar, Springer Science & Business Media, 2012.

[2] N.C. Wright, Design of spiral-wound electrodialysis modules, Desalination, 458 (2019) 54-65.

[3] R. Datta, S.-P. Tsai, P. Bonsignore, S.-H. Moon, J.R. Frank, Technological and economic potential of poly (lactic acid) and lactic acid derivatives, FEMS microbiology reviews, 16 (1995) 221-231.

[4] E.G. Lee, S.-H. Moon, Y.K. Chang, I.-K. Yoo, H.N. Chang, Lactic acid recovery using two-stage electrodialysis and its modelling, Journal of Membrane Science, 145 (1998) 53-66.

[5] V. Lindstrand, G. Sundström, A.-S. Jönsson, Fouling of electrodialysis membranes by organic substances, Desalination, 128 (2000) 91-102.

[6] E. James Watkins, P.H. Pfromm, Capacitance spectroscopy to characterize organic fouling of electrodialysis membranes, Journal of Membrane Science, 162 (1999) 213-218.

[7] H.-J. Rapp, P.H. Pfromm, Electrodialysis for chloride removal from the chemical recovery cycle of a Kraft pulp mill, Journal of Membrane Science, 146 (1998) 249-261.

[8] H.-J. Lee, S.-H. Moon, S.-P. Tsai, Effects of pulsed electric fields on membrane fouling in electrodialysis of NaCl solution containing humate, Separation and Purification Technology, 27 (2002) 89-95.

[9] H.-J. Lee, J.-H. Choi, J. Cho, S.-H. Moon, Characterization of anion exchange membranes fouled with humate during electrodialysis, Journal of Membrane Science, 203 (2002) 115-126.

[10] H.-J. Lee, S.-H. Moon, Fouling of ion exchange membranes and their fouling mitigation, MEMBRANE JOURNAL-SUWON-, 12 (2002) 55-66.

[11] H.-J. Lee, S.-H. Moon, Enhancement of electrodialysis performances using pulsing electric fields during extended period operation, Journal of Colloid and Interface Science, 287 (2005) 597-603.

[12] J.-S. Park, H.-J. Lee, S.-J. Choi, K.E. Geckeler, J. Cho, S.-H. Moon, Fouling mitigation of anion exchange membrane by zeta potential control, Journal of colloid and interface science, 259 (2003) 293-300.

[13] W.E. Katz, The electrodialysis reversal (EDR) process, Desalination, 28 (1979) 31-40.

[14] S. Honarparvar, X. Zhang, T. Chen, A. Alborzi, K. Afroz, D. Reible, Frontiers of Membrane Desalination Processes for Brackish Water Treatment: A Review, Membranes, 11 (2021) 246.

[15] Saline water processing : desalination and treatment of seawater, brackish water, and industrial waste water / edited by Hans-Gunter Heitmann, VCH, Weinheim, Federal Republic of Germany ; New York, NY, USA, 1990.

[16] L. Wang, S.K. Patel, M. Elimelech, Correlation equation for evaluating energy consumption and process performance of brackish water desalination by electrodialysis, Desalination, 510 (2021).

[17] H. Strathmann, Fundamentals in electromembrane separation processes, in: Membrane Operations, 2009.

[18] E. Drioli, L. Giorno, Membrane operations: innovative separations and transformations, John Wiley & Sons, 2009.

[19] E. Gyo Lee, S.-H. Moon, Y. Keun Chang, I.-K. Yoo, H. Nam Chang, Lactic acid recovery using two-stage electrodialysis and its modelling, Journal of Membrane Science, 145 (1998) 53-66.

[20] E. Vera, J. Sandeaux, F. Persin, G. Pourcelly, M. Dornier, J. Ruales, Deacidification of clarified tropical fruit juices by electrodialysis. Part I. Influence of operating conditions on the process performances, Journal of Food Engineering, 78 (2007) 1427-1438.

[21] H. Strathmann, H.J. Rapp, B. Bauer, C.M. Bell, Theoretical and practical aspects of preparing bipolar membranes, Desalination, 90 (1993) 303-323.

[22] A.J. Kemperman, Handbook bipolar membrane technology, Twente University Press (TUP), 2000.

[23] K.N. Mani, Electrodialysis water splitting technology, Journal of Membrane Science, 58 (1991) 117-138.

[24] S.S. Melnikov, E.N. Nosova, E.D. Melnikova, V.I. Zabolotsky, Reactive separation of inorganic and organic ions in electrodialysis with bilayer membranes, Separation and Purification Technology, 268 (2021) 118561.

이온교환막과
전기화학적 수처리 공정

06
이온교환막과
전기화학적 수처리 공정

무기이온을 포함한 수용액이나 폐수를 처리하는 전통적인 기술은 이온교환법이다. 이온교환법은 화학, 생물, 식품, 의약, 전자산업 등에서 폭넓게 이용되고 있다. 그러나 이온교환법은 많은 양의 공업용수가 필요하고 이온교환수지의 재생에 산이나 염기성 폐수를 배출하여 폐수 처리에 부담이 되고 있다. 또한 산업화에 따라 증가하는 공업시설에서 배출되는 무기이온을 포함한 수용액들의 재활용 필요성도 대두되고 있다. 따라서 이온교환법을 대체할 수 있는 멤브레인 공정으로 전기투석이 고려되고 있다. 또한 이온의 성질이나 농도에 따라 개선된 전기화학 공정이 활발하게 개발되고 있다. 이온교환막을 이용한 수처리 공정은 5장에서 설명한 전기투석이 가장 활발하다. 그런데 수용액에 포함된 이온의 종류와 농도에 따라 효율이 개선된 공정이 필요하게 되었다. 또한 처리수나 농축수의 활용 목적에 따라서도 새로운 공정이 개발되었다. 6장에서는 전기투석을 포함한 하이브리드 공정들과 전기탈이온법electrodionization, EDI, 축전식탈이온법capacitive deionization, CDI, 확산투석diffusion dialysis, DD에 관하여 살펴보기로 한다.

6.1 전기탈이온 공정

전기탈이온 공정electrodeionuzation, EDI 또는 continuous electrodeionization, CEDI은 기존의 이온교환수지법의 대체 공정으로서 초순수의 제조나 저농도의 유입수 내 이온성 물질의 제거를 위한 공정이다. 전기탈이온법은 전기투석법의 희석실에 이온교환수지resin bead와 같이 이온교환작용을 할 수 있는 이온전도성 물질ion-conducting material을 충전한 전기투석의 응용 공정이다. 이온교환막을 이용하는 전기투석 공정은 화학물질을 사용하지 않고도 이온물질을 제거할 수 있어 공정 운전 중 염을 함유한 폐기물량을 크게 줄일 수 있는 장점이 있다. 그러나 초순수, 음용수 및 원자력 발전소에서의 일차 냉각수와 같은 낮은 전해질의 수처리에서는 이온교환막의 높은 전기저항에 따른 과도한 전력소모 때문에 현장에서의 적용이 기피되었다. 그러나 전기투석법의 응용 공정으로서, 전기투석 장치의 희석실에 이온교환수지를 채운 전기탈이온법은 반응속도와 전력소모에서 전기투석법보다 유리하기 때문에 낮은 전해질을 가진 수처리에 다양하게 응용되고 있다. 주로 전자 및 반도체 회사의 초순수 생산설비에 적용되어온 전기탈이온법은 기존의 이온교환수지를 사용하는 탈염 시스템demineralization system과 달리 전기적으로 이온을 제거하기 때문에 환경친화적 공정으로 활용이 증가하고 있다. 전자산업 외에도 식품, 의료, 에너지 산업의 확장으로 인해 초순수의 수요가 매년 급격히 증가하고 있으며 이에 대한 연구가 다양한 분야에서 이루어지고 있다. 초순수를 제조할 수 있는 기존의 방법으로는 증류법과 이온교환수지법이 있으며, 이 중 이온교환수지법은 작업이 간단하고 높은 수질의 물을 생산할 수 있는 장점을 가지고 있다. 그러나 이온교환수지법은 강산과 강염기를 통해 화학적 재생이 요구되고 폐이온교환수지가 발생하는 단점을 가지고 있어 초순수 제조를 위한 대체 공정이 필요하게 되었다[1,2]. 고분자 전해질 연료전지에서 물의 재사용을 위해 전기탈이온 공정이 이용되기도 한다.

전기탈이온법[EDI]에서는 전기투석법의 희석실에 이온교환수지를 충진하여, 저농도 유입수로 인한 저항의 증가 및 전류효율의 급격한 감소 등을 방지한다. 전기탈이온 장치는 이온의 이동이 고체전해질을 통해서 양극과 음극으로 이동하는 원리를 이용한다. 즉 저농도 염의 물은 전기투석 희석실 용액의 높은 저항으로 에너지 비용을 증가시키는 데 반해 전기탈이온은 이온교환수지의 흡착력으로 희석실 내의 이온농도를 증가시켜 전기저항을 감소시킨다. 이온교환수지는 수지를 둘러싼 용액보다 전기전도도가 높기 때문에 유입수 내의 이온들은 용액보다는 이온교환수지를 통해 이동하는 원리를 이용한다. 예로서 Fig. 6.1과 같이 NaCl 용액이 EDI 장치 내로 유입되면 이온교환수지와 접촉하여 유입수 내의 Na^+ 이온은 H^+ 이온으로 치환되고 Cl^- 이온은 OH^- 이온으로 치환된다. 따라서 이온교환수지는 H^+과 OH^-의 재생된 형태에서 Na^+과 Cl^-의 소모된 형태로 바뀌게 된다. Na^+ 이온은 양이온교환막을 통과하여 음극을 향해서 이동하며 Cl^- 이온은 음이온교환막을 통과하여 양극을 향해서 이동하여 제거된다. 이 과정에서 희석실 하단에서는 유입수의 탈염이 일어난다. 탈염이된 유입수가 상층으로 이동하게 되면 이온이 부족하게 되어 전류가 흐르는데 저항이 커지게 된다. 적당한 전압을 가하게 되면 전류를 흐르게 하기 위해 물의 전해반응이 일어나게 되고 물의 전해로 발생된 H^+과 OH^- 이온은 이온교환수지 내의 치환위치에 흡착된 이온과 치환하게 되어 화학약품의 첨가 없이 전기화학적으로 재생이 일어나게 된다. 전기탈이온 장치의 이온교환수지가 전기적으로 재생되는 원리가 Fig. 6.2에 나타나 있다.

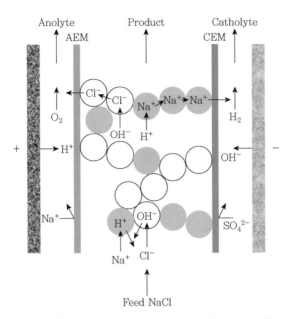

Fig. 6.1 Principle of electrodeionization using ion exchange membranes and ion exchange resin[2](Reproduced with permission of Springer)

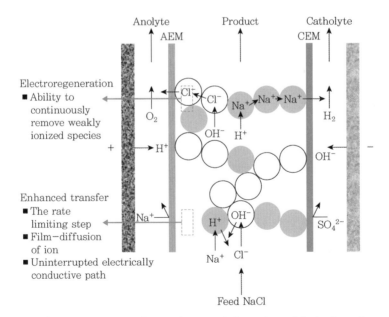

Fig. 6.2 Electro-regeneration of ion exchange resin in an electrodeionization cell

이온교환수지는 양이온/음이온 혼합수지를 사용하는 것이 보편적이다. 혼합수지를 준비할 때는 이온의 당량비를 맞추어 전기적 중성을 유지해야 한다. 양이온교환층, 음이온교환층, 혼합수지층으로 분리하여 충진하기도 한다. 특히 저농도 유입수를 고순도로 처리하고자 할 때는 Fig. 6.3과 같이 양이온교환수지와 음이온교환수지를 분리해 주입하고 유출구 쪽에는 혼합수지를 충진하는 것이 분리효율을 증가시킨다.

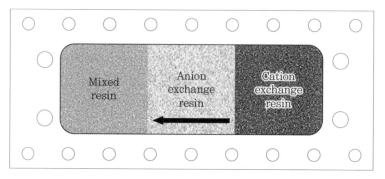

Fig. 6.3 Ion exchange resin in an EDI cell for high purity water treatment(The arrow sign indicates the flow direction)

양이온교환수지와 음이온교환수지에서 이온이 제거된 후에는 물분해가 일어남으로 이온교환수지의 재생이 이루어진다. 이온이 제거된 후 순수에 가까운 상태에서는 미량의 물분해에 의해서도 큰 pH 변화가 발생할 수 있다. 또한 과도한 물분해가 일어날 경우 상대이온을 탈착시켜 초순수의 수질을 저하시킬 수 있다. 이러한 운전상의 문제를 극복하기 위해 처리수를 혼합수지층에 통과시킨다. 혼합수지는 수지의 재생 과정에서 발생한 물분해반응의 pH 완충역할을 하게 된다. 따라서 전기탈이온 공정의 안정적인 운전을 위해서 출구의 전기전도도와 pH를 연속적으로 측정하여 인가전압을 제어해야 한다. 농축실에는 농축액의 이온 농도가 높은 경우 수지를 채울 필요가 없지만 희석액과 같은 저농도 유입수를 이용할 경우에는 희석실과 같은 이온교환수지를 채워 전기저항을 줄여야 한다.

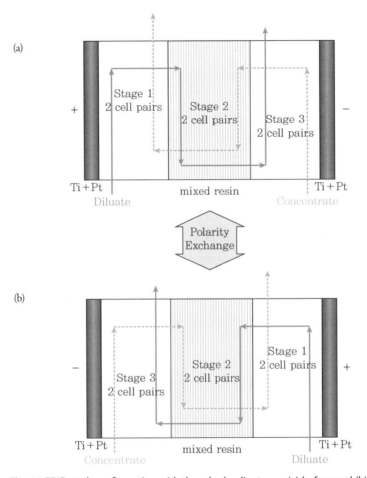

Fig. 6.4 EDIR stack configuration with three hydraulic stages. (a) before and (b) after polarity change[6](Reproduced with permission of Elsevier)

연구 결과에 의하면 상용 전기탈이온 장치를 이용하여 15 MΩ cm 이상의 초순수를 제조할 수 있는 것으로 알려져 있다[3,4]. 전기탈이온 장치를 이용하여 18 MΩ cm 수준의 초순수를 제조하기 위해서는 전기탈이온 장치의 유입수로 역삼투로 처리된 유입수가 사용되어야 한다. 역삼투 공정 RO으로 처리된 용액은 농축조와 희석조에 동시에 유입되게 되며, 이때 농축조의 유출수는 역삼투 공정의 유입수보다 높은 수질을 갖기 때문에 재처리되어 전기탈이온 장치의 유입수로서 다시 사용된다. 탈기 과정을 거친 순수나 초순수가 다시 공기와 접촉할 경우 이산화탄소와 같은 산성 기체에 의해 전기전도도가 상승하게 되므로 공기와 차단된 상태로 저장되거나 이용되어야 한다.

EDR과 유사한 공정으로 Fig. 6.4와 같이 전기탈이온 공정EDI 운전에서 주기적으로 극성을 변화시키는 EDIRelectrodeionization reversal 운전도 가능하다[5,6].

간편한 충진을 위해서 비활성 고분자 섬유에 UV, plasma, 또는 감마선을 조사하여 이온교환기를 부착한 이온교환섬유를 제조할 수 있다. Fig. 6.5는 감마선을 조사하여 양이온교환섬유와 음이온교환섬유를 제조하는 과정을 보여주고 있다[1]. 이와 같이 제조된 이온교환섬유는 EDI 장치에서 중금속염을 제거하는 데 이용되었다.

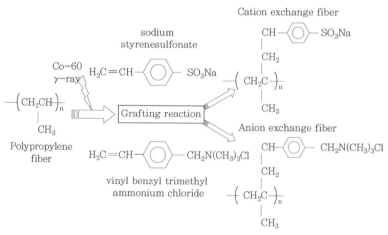

Fig. 6.5 Preparation of ion exchange textile by Co^{60} γ-ray grafting

6.2 축전식 이온제거

6.2.1 축전식 전기흡착법

축전식 이온제거법capacitive deionization, CDI은 탄소전극의 전기 흡착을 이용하여 물을 정제하는 기술이다. CDI에 관한 최초의 연구는 1960년대 초 Oklahoma 대학에서 발표한 염수에서의 탈염 과정이었다. 그 후 Johnson은 활성탄 판을 이용한 CDI의 원리에 대해 연구를 수행하여 공정에 대한 이론적인 기초와 매개변수의 영향, 그리고 전극 물질을 조사하였다. 이러한 Johnson의 연구를 바탕으로 Newman은 다공성 탄소전극의 축전식 이온흡착에 관해서 포괄적인 이론을 만들었고 일반적인 기하학적 구조의 CDI 시스템에 적용을 가능하게 하였다. 그러나 전극 손상에 의한 성능 저하문제를 해결하지 못하고, 적절한 내구성이 있는 전극을 만들 수 있다면 효율적이고 저비용의 탈염 공정이 가능하다는 것을 입증하는 데 머물렀다[7]. 이후 안정적인 다공성 탄소전극이 개발되면서 CDI 기술이 확립되었다. 표면적이 넓고 전기가 잘 흐르는 다공성 탄소전극에 물이 전기분해되지 않는 2 V 이하의 낮은 전위차를 인가함으로써 양이온은 음전극 표면에, 그리고 음이온은 양전극 표면에 흡착한다. 그리고 두 전극의 전위차를 제거하면 전극 표면에 흡착되었던 이온이 다시 수용액으로 이동하므로 세척하면 전극이 재생된다. 이처럼 CDI 방법에서는 전위차가 낮은 전기를 사용하므로 전력 소비가 적으며, 재생 과정에서 이차오염물질이 생성되지 않아 효과적이다. Fig. 6.6은 CDI의 탄소전극에 흡착과 재생이 반복되는 CDI의 원리를 보여주고 있다.

CDI에 의해 처리된 물과 전극 재생 과정에서 배출되는 농축수의 전기전도도 변화가 Fig. 6.7에 나타나있다. 유입수에서 이온을 제거하는 시간과 전극에 전기흡착된 이온을 제거하고 전극을 재생하는 시간이 반복

된다. 탄소전극의 재생속도를 높이기 위해 미량의 역전류를 흘려보내기
도 한다.

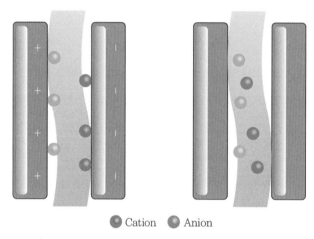

Fig. 6.6 Principle of Capacitive Deionization. (a) deminerialization, (b) regeneration of electrodes

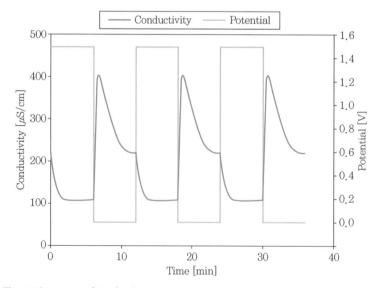

Fig. 6.7 Operation of CDI for demineralization

Fig. 6.7의 전도도 곡선은 CDI 스택에서 나오는 유출수의 전도도다. 이 주기에 맞춰 생산된 처리수와 폐수를 분리하기 위해 Fig. 6.8과 같은 유로의 제어계통이 필요하다.

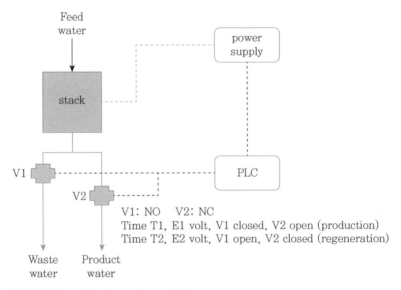

Fig. 6.8 CDI control scheme for product recovery

전해질용액을 통과시키면서 전위차가 인가된 전극에 이온을 흡착시켜 제거하는 CDI의 성능은 전극과 CDI 셀의 구성 요소에 따라 달라지는데, CDI용 전극 재료의 요구사항은 우수한 전도성, 넓은 표면적, 우수한 유전율, 전기화학적 흡탈착 가역성, 큰 세공, 전극 제조의 용이성과 가격 경쟁력이다. 이처럼 CDI 전극은 화학적으로나 전기적으로 안정하면서, 이온의 흡착 및 탈착이 가역적이어서 전극 재생이 용이해야 한다. 이러한 요구 조건을 만족하는 소재로는 전기전도성이 우수한 탄소계 소재가 있으며, 입상 활성탄소activated carbon, ACF, 활성탄소섬유activated carbon fiber, ACF, 직조된 활성탄소섬유activated carbon cloth, ACC 등이 전극 재료로 연구되었

고, 초임계상태에서 제조한 에어로겔탄소carbon aerogel, CAG도 전극재료로
연구되었다. Fig. 6.9는 CDI에 사용되는 대표적인 탄소전극물질을 보여
준다.

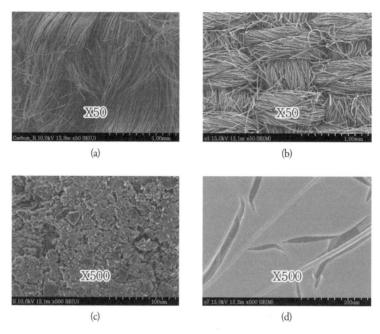

(a)

(b)

(c)

(d)

Fig. 6.9 SEM images of carbon electrode. (a) carbon fiber, (b) woven carbon fiber, (c)
carbon composite, (d) carbon aerogel

다음 Fig. 6.10은 실험실 규모 CDI 셀의 구성요소와 셀 안에서 배열되
는 순서를 보여준다. 이온의 흡탈착이 일어난 탄소전극과 전류를 공급하
는 탄소전극판이 별도로 이용되고 있다. 탄소전극 사이에는 전류의 흐름
을 차단하는 절연체인 분리층이 있다.

CDI는 장치를 집적할 수 있고, 물이 거치는 전극의 길이나 전극 수를
조절하여 목적에 따라 순도를 조절할 수 있고 물이 전기분해되지 않을 정
도의 낮은 전압을 사용하므로 운전이 안전하다. 또 에너지 효율이 높고

재생 과정에서 전극에 축전된 전기를 활용할 수도 있다. 재생에 화학약품을 사용하지 않아 재생에 따른 오염물질 발생이 없어 환경친화적이고 전위차의 조절로 이온의 농도를 조절할 수 있어 응용 분야가 다양하다. 그러나 CDI 기능을 개선하기 위해서는 이온의 물리적 흡착량은 적어야 하고 전기적 흡착량은 커야 한다. 또 전극에 이온이 강하게 고정되면 이온의 흡착과 탈착 기능이 낮아지므로 이를 방지할 수 있는 기술 개발이 필요하다. 순환전압전류법은 탄소전극의 표면에서 일어나는 흡탈착현상을 측정할 수 있는 전기화학적 방법이다.

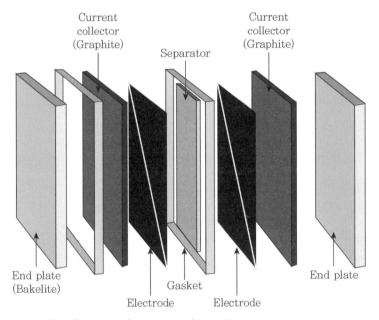

Fig. 6.10 Cell configuration of a capacitive deionization

탄소재료를 CDI 전극으로 사용하는 데에는 제한점도 있다. 탄소재료 표면에는 페놀, 카르복실릭 산, 퀴논, 락톤 등 기능기가 많아 전기장을 가하지 않아도 이온이 흡착된다. 이로 인해 재생 과정에서 상당량의 이온이 전극 표면에 흡착되므로 CDI의 재생효율이 낮아진다. 더욱이 기능기에 흡착된 이온은 전기장 하에서 산화, 환원될 수 있어, 가역적인 흡착－탈착 대신 이온이 석출될 수도 있다. 이런 점을 감안하면 CDI 전극으로 사용되는 탄소재료는 전기장에 의해 강하게 분극화될 수 있어 이온을 흡착할 수 있는 자리가 표면에 많지만, 또한 전기장이 없을 때에는 이온이 흡착되지 않도록 이온과 상호작용하지 않아야 한다. 전기장하에서 이온의 전기장 흡착은 CDI의 성능을 향상시키지만, 전기장이 없는 상태에서 이온의 물리 흡착은 재생효율을 저하시키기 때문이다.

6.2.2 멤브레인 전기흡착법(Membrane CDI)

일반적인 CDI 공정에서 다공성의 카본 전극을 이용함으로 부유 물질에 의한 오염이 쉽게 일어나고, 선택적 이온의 제거가 필요할 때에도 모든 이온을 흡착시켜 에너지 소모를 증가시킨다. 이 경우 전기투석과 CDI를 결합한 형태인 MCDImembrane capacitive deionization 공정이 이용될 수 있다. MCDI는 anode 전극 앞에 음이온교환막, cathode 앞에 양이온교환막을 배열하여 선택적인 이온의 흡착을 돕는다. Fig. 6.11은 MCDI 셀의 구조를 보여준다. MCDI는 막의 수명을 길게 하는 장점이 있는 반면 셀저항을 증가시켜 에너지 소모가 증가할 수 있다. 또한 전극에 이온교환막이 추가되어 장치비도 증가한다.

MCCDI 공정에서 발생하는 이온교환막과 에너지 비용을 절감하기 위해 이온교환막을 배열하는 대신 탄소전극 표면에 이온교환층을 코팅하여 이용할 수도 있다. 이 경우에는 전극 수명을 연장하면서, MCDI에 비하여 전기저항을 줄이고 장치비를 절감하는 효과가 있다. 이온교환층의 코팅은 이온교환고분자 물질을 용매에 용해시킨 다음 스프레이 방식으로 뿌려준다. Fig. 6.12는 탄소섬유에 이온교환물질을 코팅하기 전후 현미경

사진이다. 코팅 후 탄소섬유의 미세기공이 이온교환물질에 의해 막혀져 있음을 알 수 있다[8].

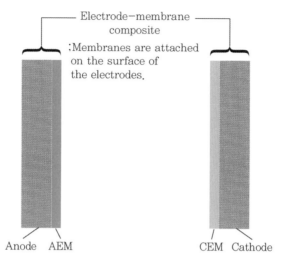

Fig. 6.11 Configuration of membrane capacitive deionization

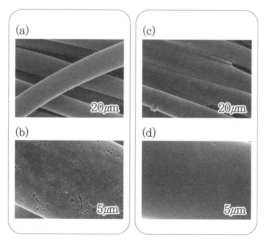

Fig. 6.12 SEM images of ion-exchanger embedded capacitive deionization using carbon fiber electrode. (a)(b) bare carbon fiber, (c)(d) ion exchange resin embedded carbon fiber

6.3 확산투석과 도난 확산

6.3.1 확산투석

일반적으로 확산투석diffusion dialysis은 이온, 비이온, 콜로이드 물질 등을 분리하기 위하여 막을 통한 농도구배를 구동력으로 하는 물질 방법을 통틀어 의미하며 특히 이온교환막을 이용한 확산투석은 수용액으로부터 산이나 염기를 회수하는 데 이용되는 물질 분리 방법이다. Fig. 6.13에 음이온교환막을 이용한 확산투석의 원리를 나타내었다.

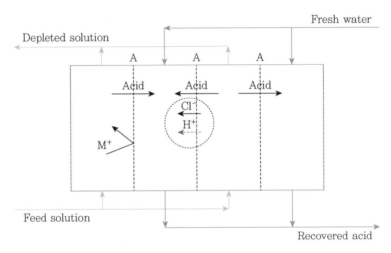

Fig. 6.13 Principle of diffusion dialysis

음이온교환막을 경계로 양실two compartment의 농도차에 의한 확산구동력이 발생하고 음이온이 고농도에서 저농도로 확산하게 된다. 이때 금속이온과 같은 양이온은 전하적 반발력에 의해 음이온교환막을 통과할 수 없으나 수소이온은 작은 이온 크기와 물분자를 매개체로 이동하는 특성을 가지고 있으므로 음이온과 함께 음이온교환막을 통과하게 된다. 이러한 원리로 산 폐액으로부터 순수한 산을 분리회수할 수 있게 된다. 음이온교환막에서 수소이온이 투과하는 것은 일반적인 음이온교환막의 약점이어서 최근 수소이온 투과를 억제하는 높은 가교도의 음이온교환막이 제조되고 있다. 따라서 확산투석 전용 음이온교환막의 특징은 일반 탈염 용도의 이온교환막에 비해 느슨한 분자구조를 가지고 있어 수소이온의 투과가 용이하지만, 다른 다가 양이온의 투과가 억제된다. 확산투석 공정에 필요한 상용화된 이온교환막으로 ASTOM AFN은 확산투석을 위하여 제조된 음이온교환막으로서 styrene과 divinylbenzene을 원료로 제조되었다. AFN은 기계적 물성이 우수하고 내구성이 강하며 강산에서도 물리적, 화학적으로 안정하다.

확산투석장치는 대개 100~200장의 막과 개스킷이 교대로 배치된 다수의 셀로 구성되어 있으며, 확산투석장치의 효율은 단위부피당 넓은 유효 막 면적, 막 표면 위에서 유입수의 속도, 막을 사이로 둔 용액의 농도차, 삼투압의 영향을 받는 막의 변형 등에 의해 크게 영향을 받는다. 또한 산을 회수하기 위한 확산투석 공정 기술의 경제적 이점은 폐수에서 회수된 산의 효율적 활용, 폐수의 중성화에 쓰이는 화학 물질 비용 절감, 산세척 액의 합리적인 재활용, 생성되는 슬러지 감소에 있다. 폐수의 산 재활용 비율은 80~90%에 이르며 회수된 산의 농도는 폐수의 80% 정도이다. 보통 금속이온은 양이온으로 음이온교환막에서 쉽게 배제가 되지만, 금속이온이 음이온 리간드와 결합하여 복합체complex를 형성하면 음이온이 되어 음이온교환막을 쉽게 통과하게 된다. 이것은 산회수 공정에서 회수된 산의 순도를 저하시키는 원인이 되기도 한다.

확산투석의 장점으로는 에너지 소모가 거의 없으며, 장치가 간단하고, 운전이 연속적이고 안정적이며 시스템 유지가 용이하고 설치와 유지비용이 저렴한 편이다. 초기 확산투석 공정은 스테인레스강 제조에서 사용되는 질산(HNO_3)과 불산(HF) 회수 시스템에 적용되었다. 용액의 일부는 연속적으로 제거되고 현탁 고형물은 여과에 의하여 제거되고 난 후 이 용액은 확산투석장치로 보내져 산이 회수되고 금속이 제거된다. 이렇게 해서 회수된 산은 농도 조정후 산세척 침지조pickling bath로 보내지고 폐수는 중화 공정neutralization process로 보내져서 산 세척용액은 일정한 상태를 유지한다. 철강산업 외에도 도금산업, 반도체 공정, 투명전도기판 제조 공정, 도시광산에서도 많은 양의 혼합산이 배출되고 있으며, 폐기물 처리기준이 강화됨에 따라 산 폐수의 회수와 재활용에 대한 관심도 높아지고 있다. 확산투석 공정 적용으로 공정 비용의 절감과 함께 발생되는 부산물과 슬러지의 양도 줄일 수 있다.

알루미늄 합금과 같이 산에 약한 금속 표면은 도금이나 표면 도색 과정에서 알칼리용액으로 세척한다. 확산투석에 양이온교환막에 이용하면 금속 표면 세척에 이용된 염기용액을 회수할 수 있다. 확산투석 공정의 설계에서는 회수되는 산이나 알칼리 용액의 농도와 회수율이 중요한 목표이다. 이 목표를 위한 운전 변수로는 투석기 내 체류시간과 원수/회수액의 비가 있다. 이 운전변수로부터 산농도와 회수율을 예측하기 위해 Table 6.1과 같이 열전달 모델과 물질전달 모델의 유사성을 이용하였다. Fig. 6.14 그래프는 회수농도와 회수율의 변화를 물질전달 모델을 통해 계산한 결과이다[9].

Table 6.1 Analogies between Heat and Mass Transfer at low mass-transfer rates[9]
(Reproduced with permission of Elsevier)

Heat-Transfer Quantities	Mass-Transfer Quantities(Diffusion dialysis)
$Nu = \dfrac{hL}{k} = -L\left(\dfrac{\partial \theta}{\partial y}\right)_w$	$Sh = \dfrac{h_M L}{D} = -L\left(\dfrac{\partial \phi}{\partial y}\right)_w$
$N = \dfrac{hL}{k} = 0.332\sqrt{Re}\sqrt[3]{Pr}$ (for $Pr > 0.6$)	$Sh = \dfrac{h_M L}{D} = 0.332\sqrt{Re}\sqrt[3]{Sc}$ (for $Sc > 0.6$)
$N_{tu} = \dfrac{AU}{C_{min}}$	$N_{tu} = \dfrac{AU}{Q_H}$
$\varepsilon = \dfrac{1 - e^{-N_{tu}(1 - C_{min}/C_{max})}}{1 - (1 - C_{min}/C_{max})e^{-N_{tu}(1 - C_{min}/C_{max})}}$	$E = \dfrac{1 - e^{-N_{tu}(1 - Q_H/Q_L)}}{1 - (Q_H/Q_L)e^{-N_{tu}(1 - Q_H/Q_L)}}$
(C_{min}/C_{max} : Capacity-rate ratio)	(Q_H/Q_L : Flow-rate ratio)

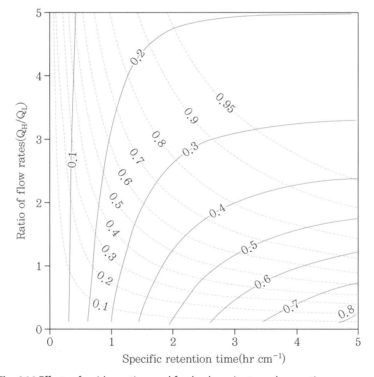

Fig. 6.14 Effects of residence time and feed volume/water volume ratio on recovery yield(solid line) and recovered acid concentration(dotted line)[9]

6.3.2 도난 확산

확산투석의 한 종류인 도난 확산donnan dialysis은 이온교환막에 의해서
분리된 두 가지 용액 사이에 이온을 교환하는 분리 방법이다. Fig. 6.15에
서 양이온교환막을 이용하여 황산구리를 혼산액으로부터 분리하는 예를
보여주고 있다. 황산용액에 포함된 수소이온 농도가 황산구리 혼산액에
포함된 수소이온보다 높아서 수소이온이 혼산액 쪽으로 이동하며 구동력
을 발생시키고 반대로 황산구리 혼산액으로부터 황산용액 쪽으로 구리이
온이 이동하게 되어 폐혼산액으로부터 순수한 황산구리를 추출할 수 있
다. 구리 이온의 농도차가 수소이온 농도차와 같아질 때까지 구리이온의
이동은 계속된다. 이러한 원리는 음이온교환막에서도 동일하게 적용할
수 있으며 도난 확산은 경수의 연수화 등에 이용된다.

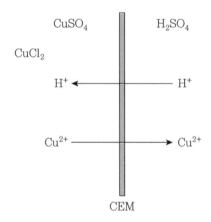

Fig. 6.15 Principle of Donnan dialysis

6.4 해수담수화

해수의 담수화를 위한 전기투석 공정은 역삼투 공정에 비해 운전비용이 높은 단점이 있는 반면 물 회수율이 높고, 농축염을 이용할 수 있는 장점이 있다. 전기투석을 이용한 해수담수화는 중동 지방에서 식수 공급을 위해 오랫동안 이용되었다. 해수에서 500 mg/L의 담수 생산을 위한 전기투석 공정의 물 생산 비용은 $1~3/m^3$로 알려져 있다. 전기투석에 의한 담수화 비용은 시설비와 전력 사용량이 큰 비중을 차지하고 있어서, 에너지 사용을 절감할 수 있는 낮은 저항의 막을 제조하는 것이 중요함을 알 수 있다[10]. 전기투석 담수화는 다른 멤브레인 공정에 비해 장치비가 높지만 멤브레인 수명이 길고 물의 회수율이 높다. 전기에너지에 의한 높은 운전비용이 저저항 막의 개발에 의해 극복되고 있다. 소규모 운전이나 기수brakish water의 처리에는 역삼투 공정에 비하여 유리하다. 역삼투 공정에서 RO 농축수의 처리를 위해 전기투석이 이용되기도 한다. 담수화 공정에서 전기투석의 성능을 최대화하고 저농도에서 전류효율을 최대화하기 위해 전기탈이온electrodeionization, EDI 또는 전기흡착법capacitive deionization, CDI과 결합한 다단계 전기투석multi-stage electrodialysis, MED이 해수의 담수화 공정으로 개발되고 있다. Fig. 6.16(a)는 Siemens Water Technonology Coor.에서 개발하여 중동지역에 설치한 해수 담수화 공정이다. 2단계 전기투석, 이온교환에 의한 연수화, 전기탈이온 단계를 거쳐 음용수를 생산한다. 이 공정은 평균 $1.4kWh/m^3$의 에너지를 소비한다[11].

Fig. 6.16(b)는 다단계 전기투석과 CDI가 결합된 하이브리드 공정이다. Fig. 6.16(c)는 RO-전기투석 공정으로 담수와 식염을 동시에 생산하는 공정을 보여주고 있다. 공통적으로 전기투석을 다단계로 설치하여 각 단에서 운전조건의 변화를 줄여 에너지 효율을 개선하는 공정이 시도되

고 있다. 또는 해수 담수화 공정에서 배출되는 농축수를 이용하여 역전기

투석reverse electrodialysis에서 전기를 생산할 수 있다.

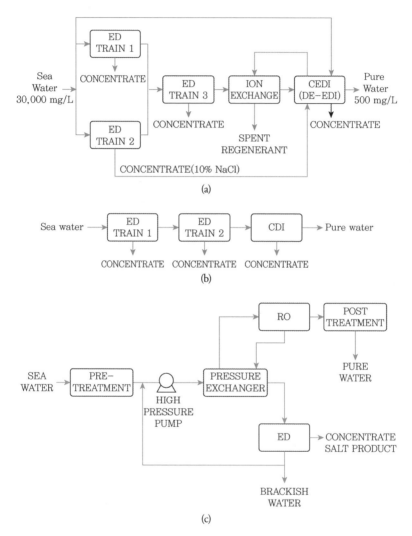

Fig. 6.16 Electrodialysis hybrid processes for sea water desalination. (a) multistage
ED-EDI, (b) ED-CDI, (c) RO-ED[12]

6.5 기타 이온교환막 공정의 활용 및 전망

지금까지 여러 가지 이온교환막을 응용한 공정에 대해서 살펴보았다. 현재 이온교환막이 앞에서 제시된 형태의 전기투석, 물분해 전기투석, 전기탈이온 공정, 확산투석 등으로 이용되고 있지만, 이 외에도 이온교환막이나 이온교환수지를 이용한 새로운 공정들이 개발되고 있다. 이온교환수지와 다공성 전극을 이용하는 EIXelectrochemical ion exchange 공정은 이온교환막을 이용하지 않는 이온분리 기술이다[13,14]. 이 공정은 질산, 불산, 황산이온 등 무기이온들에 의해 오염된 식수의 처리나 산업용수 처리에 이용되고 있다.

이 외에도 이온치환 전기투석ion substitution electrodialysis 또는 전기투석 치환electrodialysis metathesis은 4실 구조를 가진 전기투석 장치로 AX와 BY라는 형태의 염이 BX와 AY로 서로 이온이 치환되는 형태의 염이 생성되어 일종의 반응기술로 이용된다[15]. Fig. 6.17에서 이온치환 전기투석을 통해 H_2SO_4(AX)와 NaLac(BY)의 공급액이 2HLac(BX)와 Na_2SO_4(AY)로 생성되는 원리를 설명하고 있다. 이온치환 전기투석은 유용한 이온의 회수, 역삼투 공정의 농축수 처리, 이온성 액체의 합성 등에 이용된다.

이온교환막 공정의 핵심 기술은 이온교환막의 제조, 막의 특성분석과 이온의 이동 기작을 규명하는 전기화학공학, 스택의 설계와 제조 기술, 공정 응용 기술 등으로 분류할 수 있으며, 각 기술이 유기적인 관계를 유지해야 한다. 공정 응용 기술로 전기투석 공정의 효율을 높이고 경제성 제고를 위하여 관련 공정과 연계한 통합형 공정Integrated process도 있다. 통합형 ED 공정은 이온교환막 공정EDI, EDR, CDI 등, 다른 막분리 공정RO, 나노여과 등 또는 흡착, 이온교환, 기타 단위 공정과 결합하여 ED 공정의 한계를 극복한 기술이다. 이온교환막의 표면에 흡착층을 형성한 이온교환막은 특별한 이온의 흡착과 이온분리를 동시에 수행하는 공정에 적용된다[16].
이온교환막 공정 기술의 공통적인 구성요소 및 주요 목표를 정리하면 다
음과 같다.

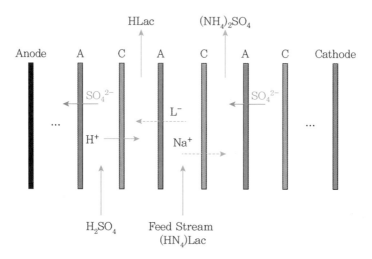

Fig. 6.17 Principle of ion substitution electrodialysis

- 이온교환막
  - 높은 이온전도도
  - 높은 선택성
  - 화학적 기계적 안정성
- 스택
  - 최적 유로 설계(낮은 압력 손실)
  - 가스킷과 스페이서의 재료 선정
  - 농도분극 최소화
  - 전극액과 전극의 긴 수명
- 공정

- 유입수의 전처리
- 최적 전류밀도 운전
- 막오염 방지
- 저에너지 소모

이온교환막을 이용한 공정은 화학원료 사용 감소와 동시에 환경오염의 저감효과를 얻을 수 있는 청정기술로서 세계적인 주목을 받고 있으며 고성능 이온교환막이 개발됨에 따라 그 응용범위는 확대되고 있다. 전기투석과 전기탈염 공정은 해수의 담수화, 질산성질소 제거, 도금폐수에서의 중금속 제거, 초순수 제조, 방사성 폐기물 처리 등과 같은 환경산업뿐만 아니라 화학공업, 식품공업 등에서도 활용의 폭을 넓혀가고 있다. 다음 표에서는 각 기술의 활용을 요약하였다.

Table 6.2 Applications of ion exchange membranes water treatment

Application	Membranes	Stack design	Status of the art	Key problems
Desalination of brakish water	CEM, AEM	tortuous path and sheet flow path	Commercial	Operating cost
Desalination of sea water	CEM, AEM	Multistage plate stack	Commercial	Operating cost, membrane fouling
Boiler feed water	CEM, AEM	Tortuous path	Commercial	Scaling
Table salt	Monovalent selective CEM, AEM	Sheet flow path	Commercial	Costs
Indistrial wastewater treament	CEM, AEM	tortuous path and sheet flow path	Commercial	Costs
Electrochemical demineralization	CEM, AEM with electrode	tortuous path and sheet flow path		Removal
Food and pharmaceutical industry	CEM, AEM	tortuous path and sheet flow path	Commercial	Membrane fouling, product loss
Diffusion dialysis	AEM	sheet flow path	Commercial	Costs
High purity water	CEM and AEM with ion exchange resins		Commercial	Process reliability
Water splitting	CEM, AEM with Bipolar membranes	sheet flow path	Commercial	Membrane performance

[1] K.-H. Yeon, J.-H. Song, J.-B. Kim, S.-H. Moon, Preparation and characterization of UV-grafted ion-exchange textiles in continuous electrodeionization, Journal of Chemical Technology & Biotechnology, 79 (2004) 1395-1404.

[2] K.-H. Yeon, J.-H. Song, S.-H. Moon, Preparation and characterization of immobilized ion exchange polyurethanes (IEPU) and their applications for continuous electrodeionization (CEDI), Korean Journal of Chemical Engineering, 21 (2004) 867-873.

[3] J.H. Song, K.H. Yeon, S.H. Moon, Transport Characteristics of Co2+ Through an Ion Exchange Textile in a Continuous Electrodeionization (CEDI) System Under Electro-Regeneration, Separation Science and Technology, 39 (2005) 3601-3619.

[4] J.-H. Song, K.-H. Yeon, J. Cho, S.-H. Moon, Effects of the operating parameters on the reverse osmosis-electrodeionization performance in the production of high purity water, Korean Journal of Chemical Engineering, 22 (2005) 108-114.

[5] H.-J. Lee, J.-H. Song, S.-H. Moon, Comparison of electrodialysis reversal (EDR) and electrodeionization reversal (EDIR) for water softening, Desalination, 314 (2013) 43-49.

[6] H.-J. Lee, M.-K. Hong, S.-H. Moon, A feasibility study on water softening by electrodeionization with the periodic polarity change, Desalination, 284 (2012) 221-227.

[7] A.M. Johnson, J. Newman, Desalting by Means of Porous Carbon Electrodes, Journal of The Electrochemical Society, 118 (1971) 510.

[8] J.-Y. Lee, S.-J. Seo, S.-H. Yun, S.-H. Moon, Preparation of ion exchanger layered electrodes for advanced membrane capacitive deionization (MCDI), Water Research, 45 (2011) 5375-5380.

[9] M.-S. Kang, K.-S. Yoo, S.-J. Oh, S.-H. Moon, A lumped parameter model to predict hydrochloric acid recovery in diffusion dialysis, Journal of Membrane Science, 188 (2001) 61-70.

[10] I.C. Watson, O. Morin, L. Henthorne, Desalting handbook for planners,

Desalination and Water Purification Research and Development Program Report, (2003) 9.5.

[11] G. Ganzi, L. Liang, F. Wilkins, S. Chua, Low energy system and method of desalting seawater, US Patent Application 20110180477 A, 1 (2011) 2011.

[12] J. Kucera, Desalination: water from water, John Wiley & Sons, 2019.

[13] H. Strathmann, Fundamentals in electromembrane separation processes, in: Membrane Operations, 2009.

[14] Y. Li, Y. Li, Z. Liu, T. Wu, Y. Tian, A novel electrochemical ion exchange system and its application in water treatment, Journal of Environmental Sciences, 23 (2011) S14-S17.

[15] J.-H. Choi, S.-H. Kim, S.-H. Moon, Recovery of lactic acid from sodium lactate by ion substitution using ion-exchange membrane, Separation and purification technology, 28 (2002) 69-79.

[16] A.A. Uliana, N.T. Bui, J. Kamcev, M.K. Taylor, J.J. Urban, J.R. Long, Ion-capture electrodialysis using multifunctional adsorptive membranes, Science, 372 (2021) 296-299.

연료전지의
원리와 운전

07
연료전지의
원리와 운전

7.1 연료전지의 원리와 이온전달기작

다양한 이동형 전자기기의 이용과 친환경 차량의 보급으로 전기에너지의 활용이 급속하게 확대되고 있다. 이에 따라 전기에너지의 수요 또한 초소형 전력에서 중대규모의 에너지전환장치까지 다양해지고 있다. 연료전지는 화학에너지를 전기에너지로 전환하는 전기화학적 에너지전환장치이다. 연료전지는 외부에서 연료와 산화제를 보급함으로써 발전을 계속할 수 있다.

화학반응을 이용한 발전의 원리는 오래전에 알려졌다. 기본 원리는 1802년 H. Davy에 의해 고안되고, 1839년 W. R. Grove에 의해 물의 전기분해를 역반응시킴으로써 실험적으로 확인되었다. 그러나 이 에너지전환의 개념에 멤브레인은 없었다. 반응조에 산용액을 넣어 전해질로 이용했다. 그 후 1959년의 F. Bacon에 의한 5 kW급 연료전지가 제작되고, 1965년의 미국 우주선 제미니5호에 고체고분자형 멤브레인이 도입된 연료전지 탑재로 실용화가 진행되었다. 이후 여러 가지 조건에서 다른 연료와 전해질을 이용한 연료전지가 개발되었다. Table 7.1에 전해질에 따른 연료전지의 분류와 전극반응, 전하전달물질 등 중요한 특징을 요약하였다.

Table 7.1 Fuel cell types and ion conducting membranes

Type[a]	Electrolyte	Charge carrier		Half-reactions	Temperature Range[b]
PEMFC	PEMs	H^+	Oxidation	$H_2 \rightarrow 2H^+ + 2e^-$	low
			Reduction	$O_2 + 4H^+ + 4e^- \rightarrow 2H_2O$	
AFC	AEM, Supported electrolyte(KOH)	OH^-	Oxidation	$H_2 + 2OH^- \rightarrow 2H_2O + 2e^-$	low
			Reduction	$O_2 + 2H_2O + 4e^- \rightarrow 4OH^-$	
MCFC	Supported electrolyte (LiO_2CO_3, K_2CO_3)	CO_3^{2-}	Oxidation	$H_2 + CO_3^{2-} \rightarrow H_2O + CO_2 + 2e^-$	high
			Reduction	$O_2 + 2CO_2 + 4e^- \rightarrow 2CO_3^{2-}$	
SOFC	Solid oxide(ZrO_2)	O^{2-}	Oxidation	$H_2 + O^{2-} \rightarrow H_2O + 2e^-$	high
			Reduction	$O_2 + 4e^- \rightarrow 2O^{2-}$	
DMFC/ DLFC	PEMs (AEM)	H^+	Oxidation	$MeOH + H_2O \rightarrow CO_2 + 6H^+ + 6e^-$	low
			Reduction	$3/2O_2 + 6H^+ + 6e^- \rightarrow 3H_2O$	
DCFC	Solid oxide, molten hydroxide Molten carbonate	OH^- CO_3^{2-} O^{2-}	Oxidation	$C + 2O^{2-} \rightarrow CO_2 + 4e^-$	high
			Reduction	$O_2 + 4e^- \rightarrow 2O^{2-}$	

[a]PEMFC(polymer electrolyte membrane fuel cell/proton exchange membrane fuel cell)
AFC(alkaline fuel cell)
MCFC(molten carbonate fuel cell)
SOFC(solid oxide fuel cell)
DMFC(direct methanol fuel cell)/DLFC(direct liquid fuel cell)
DCFC(direct carbon fuel cell)
[b]low temperature: ambient-100°C
hight temperature: 500~1,000°C

　　모든 연료전지의 산화전극anode과 환원전극cathode에서는 산화환원반응이 동시에 일어나고 각 전극반응의 결과 산화 또는 환원된 이온이 발생한다. 발생된 이온으로 전극액에 포함된 이온의 활동도가 달라지고 전극액 간 전기화학적인 평형이 깨진다. 이 평형을 유지하기 위해 두 전극액 간 이온의 전달이 일어난다. 이때 이동하는 이온을 전하전달물질 또는 전하운반체charge carrier라고 한다. 이때 전하운반체를 선택적으로 이동하면 전극 간의 기전력을 최대로 할 수 있다. 상대이온이 반대 방향으로 이동한다면 역전위가 생기기 때문이다. 따라서 모든 연료전지 시스템에서는 전하운반체에 선택적인 멤브레인을 이용한다. 대체로 고온에서 작동하는 연료전지는 고정형 대용량으로, 저온에서 작동하는 연료전지는 중소형의 고정형 또는 이동형으로 이용된다.

7.1.1 연료전지용 고분자 전해질막의 기능

이온의 선택적 투과 및 전도를 위한 고체 형태의 전해질인 고분자 전해질막은 고분자 전해질막 연료전지polymer electrolyte membrane fuel cell, PEMFC, 알칼라인 연료전지alkaline fuel cell, AFC, 직접알코올 연료전지direct alcohol fuel cell, DAFC 등으로 사용되며 적용되는 연료전지의 종류 및 환경에 따라 요구되는 막의 종류 및 특성이 다르다. 일반적으로 수소이온연료전지와 직접메탄올 연료전지의 전해질은 수소이온을 전도하는 고분자 양이온교환막을 사용하며, 알칼라인 연료전지에 사용되는 이온교환막은 수산화이온을 전도시키는 고분자 음이온교환막을 사용한다. 연료전지막은 산화전극인 양극anode(연료극)과 환원전극인 음극cathode(공기극) 사이에서 수소 또는 수산화 이온의 선택적 전달 매개체 역할을 하는 동시에, 전자의 이동을 막는 절연체 역할과 연료와 공기또는 산소의 직접적인 접촉을 막는 역할을 기본적으로 충족해야 한다.

Fig. 7.1은 양 전극에 연료와 공기산소를 공급gas diffusion layer하고 셀에서 발생한 전류의 흐름을 외부의 전기회로와 연결current collector하는 구조체와 산화환원반응을 일으키는 멤브레인 촉매전극 결합체membrane electrode assembly, MEA를 보여준다. 한편 멤브레인이 두꺼워질수록 연료전지 운전 특성에서 막 자체의 저항으로 인한 손실이 커지기 때문에 고분자 전해질 연료전지에서는 가능한 얇은 두께(20~50 μm)의 막을 사용하게 된다. 동시에 얇은 두께를 갖더라도 막이 적절한 기계적 강도를 유지하는 것이 중요하다. 가능한 얇은 두께의 막을 제조함과 동시에, 합리적인 기계적

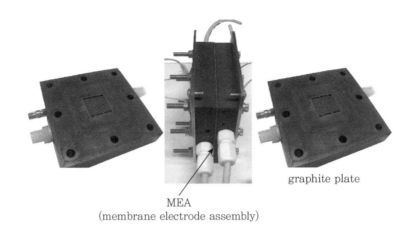

graphite plate

MEA
(membrane electrode assembly)

Fig. 7.1 A single cell fuel cell stack

강도, 우수한 수소이온전도도 및 화학적 내구성, 그리고 연료 투과의 제어 등이 고분자 전해질막에서 지속적으로 개선해야 될 과제이다. 최초의 알칼라인 연료전지는 전해질로서 KOH용액을 사용하였으나 여러 가지 단점이 발견되었다. 액체전해질의 단점을 보완하기 위해 음이온교환막을 전해질로 사용하는 알칼라인 연료전지는 수소이온연료전지에 비해 출력 밀도가 상대적으로 낮은 단점이 있다. 그러나 환원극에 Ag과 같은 비귀금속 계열의 촉매를 사용할 수 있고 낮은 온도에서 운전이 가능하다는 장점이 있기 때문에 효율 개선을 위한 연구가 진행 중이다. 직접액체연료전지DLFC에서는 액체연료의 투과를 최소화해야 한다. 직접메탄올연료전지에서 사용하는 메탄올은 분자의 구조적 특성이 물과 비슷하여 전해질막에 쉽게 흡수되기 때문에, 연료극에서부터 전해질막을 통해 산소극으로 투과하여 연료전지의 성능을 감소시킨다. 이를 방지하기 위해서 직접메탄올연료전지의 전해질막은 수소이온 연료전지막보다 두꺼운 두께 (100~200 μm)를 갖는 것이 일반적이다. 여기에서는 양이온교환막과 음이온교환막을 사용하는 연료전지로 나누어 설명할 것이다.

7.1.2 수소이온 이동 메커니즘

고분자 전해질막 내 이온의 이동에서 이온 자체가 전해질막을 통과하는 것은 불가능하다. 이온이 전해질막을 통해 이동하려면, 운반체vehicle를 이용하는데, H_2O 또는 H_3O^+의 형태가 운반체 역할을 한다. 즉 수소이온이 물과 수소결합hydrogen bonding을 한 후, 수소이온의 이동현상이 일어난다. 따라서 이온 전달을 위한 고분자 전해질막은 높은 이온교환 용량과 연료전지 운전온도에 적절한 함수 능력을 가져야 하며, 이와 같은 조건에서 수소이온의 효과적인 이동이 가능하다. 저온 및 고온에서 운전되는 전해질막은 요구되는 함수능력이 온도에 의해 차별되며, 수화된 정도의 차이는 수소이온의 이동 메커니즘proton transfer mechanism을 다르게 한다.

전해질막에서 이온의 이동 메커니즘은 수소이온 확산과 전하이동으로 설명할 수 있다. 수소이온은 상대적으로 작은 크기에 높은 이온전도도를 가지고 있다. 전해질막을 통과하는 수소이온의 전달현상은 Grotthuss 메커니즘과 Vehicle 메커니즘으로 구분된다. Grotthuss 메커니즘은 최초 생성된 수소이온의 양성자가 물분자간의 수소결합을 통해 수소이온 자체가 아닌 양성자가 이동하는 것이며, Vehicle 메커니즘은 H_2O와 같은 운반체가 수소이온을 직접 이동시키는 것을 말한다.

Grotthuss 메커니즘

Kreuer 그룹은 수소이온의 전달에서 Grotthuss 메커니즘에 대한 구조적인 연구를 수행하였다[1,2]. 이 연구에 따르면 물 분자 클러스터 사이에서 결합들이 재배열됨으로써 양성자의 실질적 이동이 빠른 속도로 일어난다. 3각형에 가까운 H_3O^+ 이온에 3개의 H_2O 분자가 강하게 수화된 $H_9O_4^+$가 이동 메커니즘의 기본 단위가 된다. 이 원자들의 결합체는 그 자체가 수화되어 있지만, 이 2차 수화권의 수소 결합들은 1차 수화권의 수소 결합보다 약하다. 이 2차 수화권의 약한 수소 결합 중의 하나가 끊어지는 것이 속도 결정 단계가 된다. 결합이 끊어지면 풀려난 분자가 부분적인 회전을 하고, 이 사이에 나머지 분자들 클러스터 안에서 결합 길이와 결합각의 재배치가 신속하게 일어나서 $H_2O \cdots H^+ \cdots OH_2$와 같은 구조의 $H_5O_2^+$ 양이온이 형성된다. 이러한 재배열이 일어나면 곧 다른 분자들이 2차 수화권 위치로 회전되어 들어가서 새로운 $H_9O_4^+$ 결합체를 형성하는데, 결과적으로 양전하가 결합되어 있는 다음 분자로 이동하게 된다(Fig. 7.2). 이 메커니즘에 따르면 양성자는 물 분자들의 인접 위치들 사이에서 낮은 활성화 에너지 위치를 따라 빠르게 연속적인 재배열을 통해 이동하게 된다.

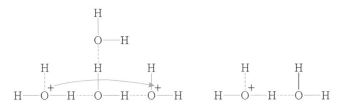

Fig. 7.2 Grotthuss mechanism for proton transfer (hopping) along a chain of oriented water molecules: Eigen-ion(left) and Zundel-ion(right)

Fig 7.2는 황산기(SO_3^-)가 도입된 양이온교환막의 Grotthuss 메커니즘에 대해서 설명한다. 기본 고분자구조의 $SO_3^- H^+$가지에 세 분자의 물이 수화되고, 여기에 과잉 수소이온이 결합된 H_3O^+ 이온이 또 다른 두 개의 물분자와 수소결합을 형성하여 Zundel-ion을 형성하게 된다. 이렇게 물분자의 연속된 수소결합을 통해 Eigen-ion을 형성하고 연속적인 재배열을 하며 수소이온의 이동이 이루어진다. 수화된 양성자는 전해질막에서 양 전극의 전위차에 의해 방향성을 갖는다. 이 모형에서 수소이온의 이동은 Eigen-Zundel-Eigen 이온으로 이동하거나 Zundel-Zundel 이온

형태로 이동한다고 설명하고 있다[1,2].

Vehicle 메커니즘

Vehicle 메커니즘에 의한 이온 이동은, Grotthuss 메커니즘과 달리 물 분자의 연속적 수소결합이 이동에 포함되지 않는다. 전해질막의 수화 정도가 높아 Grotthuss 메커니즘이 적용되는 이상일 경우, 이동 대상인 수소이온을 포함한 물분자, 즉 H_3O^+ 이온이 농도구배 및 기전력에 의한 물 분자의 확산과 함께 이동해가는 것이다. 다만 부분적으로 수소결합에 의해 양성자 형태의 전하로 이송될 수 있다.

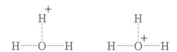

Fig. 7.3 Proton associated with water molecule in vehicle mechanism

따라서 Grotthuss 메커니즘을 구조적 확산이라 말하면, vehicle 메커니즘은 농도에 의한 확산이다. 용매에 따라 이온의 전도 기작이 변할 수 있다. 수소이온 용매로 물을 사용할 경우 이온전도성은 수화된 수소이온의 Vehicle 기작에 의존하게 되지만 유기용매를 사용하게 되면 Grotthuss 형태의 구조 확산에 의해 이온전도성을 갖게 된다.

저온 연료전지용 전해질막의 경우, 상대적으로 높은 함수율을 가질 수 있으며 vechicle 메커니즘을 적용할 수 있다. 반면, 고온에서 운전되는 연료전지용 전해질막의 경우, 고온의 특성상 함수율이 낮아져, Grotthuss 메커니즘에 의한 이온의 이동으로 해석된다. 이처럼 전해질막의 특성과 운전조건에 따라 수소이온의 전달 메커니즘이 달라진다. Grotthuss 기작과 vechicle 기작을 상대적으로 비교할 수 있는 기준의 하나는 온도에 따른 이온전도도 변화를 아레니우스형식으로 표시했을 때 나타나는 활성화 에너지이다.

$$\sigma = A \exp\left(-\frac{E_a}{RT}\right) \qquad \text{(Eq. 7.1)}$$

이 식에서 Grotthuss 기작은 일반적으로 38.4 kJ/mol (또는 0.4 eV) 이하의 활성화 에너지를 보이며, 가습조건에 따라 활성화 에너지는 변한다. PBI 복합막에서 완전 가습조건에서 활성화 에너지는 12~19 kJ/mol을, 비가습 조건에서는 24~27 kJ/mol을 보였다[3].

음이온교환막에서 이온의 이동도 Grotthuss 기작과 vehicle 기작에 따르지만 OH$^-$ 이온의 전도도가 H$^+$에 비해 낮기 때문에 전반적인 이동속도는 낮아진다.

7.2 양이온교환막을 이용하는 연료전지

고분자형 연료전지는 반응온도가 낮기 때문에 자동차나 가정용 연료전지 발전 시스템으로 이용되고 있다. 수소가 주로 연료로 이용되지만 천연가스나 액화석유가스를 이용할 때는 연료개질기가 포함되어야 한다. 개질기에서는 촉매반응을 거쳐 수소가 많이 함유되어 있는 가스로 전환된다. 스택에서는 수소가스와 대기 중의 산소를 촉매에 의해 화학적으로 반응시켜 직류전기를 얻는다. 이 외에 직류전기를 승압하여 교류로 변환하는 인버터, 연료전지 시스템으로부터 발생하는 열을 이용할 수 있도록 하는 열교환기 등의 보조기기로 구성되어 있다. 열전병합공급에서 전기와 열을 이용할 경우 원연료의 이용효율이 70~80%로 높아진다. 연료전지 자동차에서는 연료전지에서 발생한 직류전류를 승압하여 모터를 돌리는 구조로 되어 있어 내연기관 자동차에 비해 구성이 간단하다. Fig 7.4 는 수소이온전도성 고분자 연료전지의 반응기작을 보이고 있다.

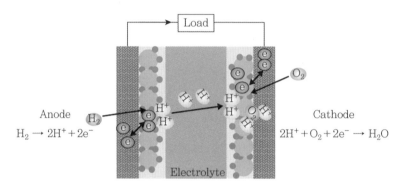

Fig. 7.4 Principle of a proton exchange membrane fuel cell

연료인 수소가 연료극anode에 있는 촉매에 의해 수소이온과 전자로 나누어진다. 이 수소이온은 전해질 내를 이동하여, 공기극cathode에서 산소와, 외부회로를 흐르면서 일을 하고 돌아온 전자와 반응하여 물로 된다. 전해질로는 양이온교환막이 사용되고 있다. 반응에 대한 전기화학적 표준전위standard potential(E^o)는 Nernst 식에 의해 평형상태($E=0$)에서 반응에 의한 반응물의 Gibbs 자유에너지의 변화량에 의해 결정된다. 표준조건의 수소기체를 이용하여 연료전지에서 얻을 수 있는 열역학적인 셀전압과 효율은 다음과 같이 계산된다.

셀전압의 계산

$$H_2(g) + \frac{1}{2}O_2(g) = H_2O(l)$$

$$\Delta G_f^o = \Delta G_{H_2O(l)}^o - \frac{1}{2} \Delta G_{O_2(g)}^o - \Delta G_{H_2(g)}^o$$

$$= -237.18 \text{ kJ/mol}$$

$$w = -\Delta G = 237.18 \text{ kJ/mol}$$

$$\Delta G = -nFE$$

$$E = \frac{-237.18 \text{ kJ/mol}}{(2)(96,485 \text{ J/Vmol})} = 1.23 \ V$$

가역조건에서 에너지 효율

$$\eta = 237.18/285.83 = 83\%$$

외부로 손실되는 열

$$\Delta G = \Delta H - T\Delta S$$

$$q = \Delta H_F^o - \Delta G_f^o$$

$$\Delta H_F^o = \Delta_{H_2O(l)}^o - \frac{1}{2} \Delta_{H_2(g)}^o = 285.83 \text{ kJ/mol}$$

$$q = -285.82 + 237.18 = -48.67 \text{ kJ/mol}$$

이 계산에 의하면 열역학적으로 최소 17%의 에너지가 외부로 방출된다.

7.2.1 양이온교환막

수소이온 전해질막 연료전지에서는 수소이온이 전하운반체 역할을 하며 이 때문에 양이온교환막이 사용된다. 주로 100°C 이하의 구동 조건에서 불소계나 탄화수소계의 고분자를 기반으로 한 이온교환막이 활용된다. 연료전지에 이용되는 양이온교환막은 화학적·열적으로 안정하며 얇은 막으로 제조할 수 있어야 하고, 기계적 강도를 갖는 동시에 높은 수소이온전도성을 요구한다.

고분자 전해질막polymer electrolyte membrane or proton exchange membrane, PEM으로 많이 사용되는 물질은 양이온교환기능기를 가진 완전불소치환 고분자물질이다, 현재까지 제조되는 물질로는 화학적으로 가장 안정한 것으로 알려져 있다. 선형 불소치환 탄소 주쇄와 10 mol% 이하의 산성기로 이루어진 Perfluorinated 이오노머는 산성기로 술폰산기perfluorosulfonic acid와 카르복실기perfluorocarboxylic acid가 사용되며 수소이온은 다른 양이온 또는 양이온 그룹으로 이온교환될 수 있다. Nafion®은 술폰산기가 도입된 불소치환 양이온교환막이다. Nafion®은 연료전지에서 50~175 μm 두께의 박막형태로서 사용이 용이하고, 1M 황산 수용액에 상응하는 전도도를 갖는 희석산의 형태를 띠고 있어 안전하다. 막의 두께가 변할 때, 수소이온의 이동수도 달라진다. 얇은 막의 경우 0.95에서 두꺼운 막에서는 0.99 정도의 이동수를 보인다. 전해질막에서 수소이온전도도는 함수율에 크게 의존한다. 다시 함수율은 기공의 크기와 온도에 따라 변한다. 전도도면에서는 전형적인 산성수용액으로 가소제로 작용하는 물의 끓는점 이상에서는 사용할 수 없다는 제한이 있다. 저온에서 사용할 경우 균일한 이오노머 전해질은 높은 내화학성, 내산화성, 우수한 이온전도성 갖고 있으며, 80°C에서는 수천 시간의 운전이 가능하다.

Nafion® 막이 극복되어야 할 문제도 있다. Nafion®은 유리전이온도Tg가 140°C 정도로 낮아 80°C 이상에서 장시간 사용하면 전극 피독이 발생하여 성능이 저하된다. 기계적인 수축 팽창을 반복할 경우에 화학적인 안정성이 저하되는 현상도 관찰되었다[4]. 이를 극복하기 위해서 높은 온도

(>120°C)에서 사용 가능한 막이 지속적으로 연구되고 있다. 제조 원가 면에서도 불소화학의 어려운 공정으로 높은 가격으로 판매되고 있다. 따라서 Nafion® 막을 대체하기 위한 노력은 고온에서 운전 가능한 저가의 이온교환막을 개발하는 방향으로 진행되고 있다. 저가의 막을 위해서는 부분불소계와 탄화수소계가 연구되고 있으며, 고온운전을 위해서는 유무기 복합막, 황산이나 인산을 함침한 이온교환막 같은 수소이온이동을 촉진하는 고분자 물질이 개발되고 있다. 100°C 이상에서 적용 가능한 고분자로는 폴리벤지이미다졸polybenzimidazole, PBI이 있다. 인산 도핑 PBI 멤브레인에서 인산이 누출되는 현상을 방지하기 위해 PBI/PVPApoly(vinyl phosphoric acid를 블렌딩한 멤브레인이 고온 PEMFC에서 우수한 성능을 보였다[5]. PBI를 바탕으로 한 이온교환막의 제조 방법은 3장에 설명되어 있다.

MEA 접착력

MEA의 장시간 사용을 위해서는 electrode/PEM 간의 우수한 접착력이 요구된다. 연료전지 운전 중 전극에서 연료가 H^+ 이온과 전자로 해리되면서 pH가 1~2 정도로 낮아지면서 촉매와 전극 간의 접착력을 급격히 저하시키고 연료전지의 수명을 단축되는 이유가 된다. 따라서 강산성상태에서 접착력을 장시간 유지할 수 있는 고분자의 개발이 필요하다.

최근 Nafion®의 접착력에 관한 연구에서 용매의 유전율과 접착력의 관계가 보고되었다. 유전율(ε)이 10 이상일 때 Nafion®은 완전용해되어 용액상태가 되고, 유전율이 3~10 범위에 있을 때는 콜로이드 상태, 3 이하일 때는 침전이 일어난다. 이 가운데 콜로이드 상태의 Nafion®이 가장 좋은 접착력을 보였다[6]. S. Seo는 연료전지의 양쪽 전극에 같은 기체를 공급하면서 임피던스 분석을 통해 이오노머의 양과 접촉면의 전기화학적 성질을 조사하여 전기저항을 최소화하는 이오노머의 양이 있음을 확인하였다[7]. 전극－전해질 접착에서 또 다른 문제점은 고분자의 접착력 측정 방법이 개발되지 않아 연료전지 성능 테스트에 의존하고 있다. 고분자 전해질 연료전지에 사용되는 고분자 막이 매우 얇아 접착력 측정이 어렵기 때문에 MEA의 정확한 접착력 측정을 위해 측정 방법의 표준화가 필요하다.

7.2.2 직접메탄올 연료전지

알코올을 연료로 이용하는 직접알코올 연료전지는 연료와 전극반응조건에 따라 양이온교환막과 음이온교환막이 모두 이용될 수 있다. 연료와 전해질막을 산성 조건으로 유지할 때는 양이온교환막을, 알칼리 조건일 때는 음이온교환막을 이용한다. 양이온교환막을 이용하는 메탄올 연료전지direct methanol fuel cell, DMFC는 수소 고분자 전해질 연료전지PEMFC와 유사한 구조와 작동원리를 가지고 있다. 연료로써 수소 대신 메탄올을 직접 양극산화전극 또는 anode에 공급하여 사용한다. 따라서 연료공급체계가 단순하고 전체 장치가 간단하여 소형화가 가능하다. 그러나 메탄올을 직접 산화시켜야 하기 때문에 고가의 금속촉매 사용량이 증가하고, 촉매의 활성이 낮아지면 생산되는 전력밀도가 떨어지는 단점도 있다.

직접메탄올 연료전지의 전극반응은 다음과 같다. 양극에서는 메탄올과 물의 전기화학적 반응에 의해 메탄올이 산화되어 이산화탄소, 수소이온 그리고 전자가 생성된다. 이산화탄소는 알칼리전해질과 반응하면 불용성 카보네이트를 형성하기 때문에 산성 전해질acidic electrolyte을 사용해야 한다. 양극anode에서 생성된 수소이온은 고분자 전해질막을 통해 음극cathode으로 이동하며, 음극에서는 산소와 수소이온 그리고 전자가 반응하여 물을 생성한다. 한편, 양극에서 생성된 전자는 외부 회로를 통해 이동하면서 화학반응에서 얻어진 자유에너지의 변화량을 전기에너지로 전환시키게 된다. 따라서 전체 반응식은 메탄올과 산소가 반응하여 물과 이

산화탄소를 생성시키며, 반응 결과 1.18 V의 전위차를 발생시킨다. 실제 시스템에서는 이러한 반응이 전극에 포함된 백금계 촉매에 의해 일어난다.

- 양극(산화전극): $CH_3OH + H_2O \rightarrow CO_2 + 6H^+ + 6e^-$ $E^\circ_{anode} = 0.03$ V
- 음극(환원전극): $3/2O_2(g) + 6H^+ + 6e^- \rightarrow 3H_2O(l)$ $E^\circ_{anode} = 1.23$ V
- 전체반응: $CH_3OH + 3/2O_2(g) + H_2O \rightarrow CO_2 + 3H_2O(l)$ $E^\circ_{cell} = 1.20$ V

전극반응식과 같이 표시된 전위는 표준조건(25℃, 1 atm 또는 1 M)의 평형상태에서 활성화된 전극반응의 표준전위이다. 양극반응과 음극반응이 모두 평형상태라면 산화전류anodic current와 환원전류cathodic current가 같아 순전류net current는 영이 된다. 따라서 전류가 흐르기 위해서는 표준전위보다 낮은 조건에서 운전된다. 또한 표준 조건이 아닌 전극전위는 온도, 반응물의 압력 또는 농도에 따라 변한다.

성능이 우수한 연료전지를 제조하기 위해서는 우수한 고분자 양이온 교환막의 합성, MEAmembrane-electrode assembly 설계/제조기술 확보 및 단위전지 제조 및 적층기술 개발 등 해결해야 할 과제가 있다. 직접메탄올 연료전지의 초기 연구 개발에서는 고분자 전해질 연료전지에 사용되는 Nafion® 등의 순수한 고분자 전해질막을 사용하였으나 높은 메탄올 용해도 특성을 가져 메탄올이 연료극anode에서 공기극cathode로 확산이동하는 메탄올 투과현상이 나타났다. 이러한 메탄올 투과현상은 연료를 소모시킬 뿐만 아니라 환원전극에서 산소와 반응하여 전극의 CO 피독을 유발시킴으로써 전체적인 전지의 에너지 효율을 크게 저하시킨다. 촉매의 피독현상은 환원전극의 과전압overpotential으로 나타나게 된다. 이러한 문제를 해결하기 위해 직접메탄올 연료전지에 적합한 낮은 연료 투과도와 높은 수소이온전도도 특성을 갖는 고분자 전해질 및 전해질막이 개발되고 있다. 주로 실리카 같은 무기 성분이 첨가된 복합막이 연료의 투과를 차단하는 성능을 보이고 있다(4장 참조).

음이온교환막을 이용하는 직접메탄올 연료전지는 다음과 같은 전극반응에 의해 작동한다[8].

- 양극(산화전극): $CH_3OH + 8OH^- \rightarrow CO_3^{2-} + 6H_2O + 6e^-$
- 음극(환원전극): $3/2O_2 + 3H_2O + 6e^- \rightarrow 6OH^-$

이 운전에서 이온교환막의 알칼리 조건을 유지하기 위해 산화전극에 NaOH나 KOH 용액을 연속적으로 흘려준다.

7.3 음이온교환막과 바이폴라막 응용

7.3.1 알칼린 연료전지와 음이온교환막연료전지

초기의 알칼린 연료전지alkaline fuel cell, AFC는 전해질로써는 액체상태의 수산화칼륨KOH을 사용하며, 전해질용액과 전극 표면에서 수소와 산소의 산화환원반응을 기본으로 운전되어 전기와 열을 발생시켰다.

- 양극(산화전극): $H_2(g) + 2OH^-(aq) \rightarrow 2H_2O(aq) + 2e^-$
- 음극(환원전극): $O_2(g) + 2H_2O(aq) + 4e^- \rightarrow 4OH^-(aq)$

전극반응의 기전력 차이에 의해 전해질용액에서 이동되는 이온은 수산화 이온(OH^-)으로, 액체전해질 안에서 이동하게 된다. 액체전해질을 고정하기 위해 두 전극 사이에 다공성 기질이 분리판으로 사용되어 액체

전해질이 충진되는 형태였다. 순수한 산소를 공급하지 않으면 CO_2에 의한 탄산칼륨(K_2CO_3)의 환원반응으로 기공이 막혀, 전도도의 감소로 인한 성능 저하가 되기 때문에 전해질용액을 주기적으로 교체해야 한다. 액체전해질은 CO_2에 의한 카보네이트 형성 외에도 전해질 누출, 촉매 피독, 전지 성능 저하와 수명 단축 같은 문제들이 있다. 따라서 액체전해질의 단점을 개선하기 위해 고체 형태의 전해질solid–state electrolyte인 음이온교환막을 사용하는 연료전지가 제시되었다. 특히 탄화수소계 이온교환막을 도입하면서 불소계막의 고비용, 연료 누출 같은 문제들을 해결하고, 에탄올을 직접 연료로 사용하는 전극반응에 적합한 셀 구조를 개발함으로써, 고체전해질 알칼린 연료전지alkaline membrane fuel cell 기술이 확립되었다. 여기에 필요한 음이온교환막은 3장과 4장에 설명되었다. 상용막으로는 ASTOM에서 제조된 A201이 우수한 성능을 보이는 것으로 알려져 있다. A201은 탄화수소계 주쇄에 4차 암모늄염이 도입된 음이온교환막인데 상세한 분자구조는 알려져 있지 않다[9]. Piperidiunium 음이온교환막[10]은 80°C에서 208 mS/cm의 OH^- 전도도와 수소를 연료로 이용한 알칼린 연료전지에서 2.34 W/cm^2 전력밀도를 보였다[11].

다음 그림은 PEMFC와 AFC의 전극반응을 비교하였다. 알칼린 연료전지는 PEMFC에서 필요한 고가의 백금촉매를 비귀금속으로 대체할 수 있는 장점이 있다.

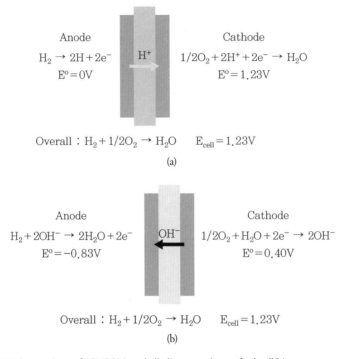

Anode

$$H_2 \rightarrow 2H + 2e^-$$
$$E^o = 0V$$

H^+

Cathode

$$1/2O_2 + 2H^+ + 2e^- \rightarrow H_2O$$
$$E^o = 1.23V$$

Overall : $H_2 + 1/2O_2 \rightarrow H_2O$ $E_{cell} = 1.23V$

(a)

Anode

$$H_2 + 2OH^- \rightarrow 2H_2O + 2e^-$$
$$E^o = -0.83V$$

OH^-

Cathode

$$1/2O_2 + H_2O + 2e^- \rightarrow 2OH^-$$
$$E^o = 0.40V$$

Overall : $H_2 + 1/2O_2 \rightarrow H_2O$ $E_{cell} = 1.23V$

(b)

Fig. 7.5 Comparison of PEMFC(a) and alkaline membrane fuel cell(b)

7.3.2 직접에탄올 연료전지(DEFC)

알칼린 연료전지의 한 형태이다. 직접메탄올 연료전지와 비교하여, 발생되는 전자의 수가 많고, 철Fe, 코발트Co, 니켈Ni 등의 비귀금속 촉매를 사용할 수 있다는 장점이 있다. 구동 원리는 다음과 같다. 산화전극인 양극에서는 에탄올이 OH^- 이온과 반응하여, 물과 CO_2를 발생하고, 환원전극인 음극에서는 공급된 산소와 물이 환원되어, OH^- 이온을 발생한다. 이때 전하운반체인 OH^- 이온이 이동하기 위해 음이온교환막이 필요하다. 음이온교환막을 이용하는 직접에탄올 연료전지의 전극반응을 Fig. 7.6에 도시하였다. 상용막으로는 ASTOM의 A006이나 A201이 주로 이용되고 있으며 탄화수소계막으로는 KOH가 도핑된 PBI 막이 이용된다[12].

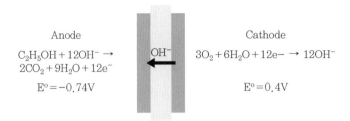

Fig. 7.6 Principle of direct ethanol fuel cell

직접에탄올 연료전지는 다음과 같은 전극반응으로 양이온교환막을 이용할 수도 있다[13,14].

- 양극 (산화전극): $C_2H_5OH + 3H_2O \rightarrow 2CO_2 + 12H^+ + 12e^-$
- 음극 (환원전극): $3O_2 + 12H^+ + 12e^- \rightarrow 6H_2O$

양이온교환막으로는 Nafion$^{®}$이 주로 이용되고, 연료는 산용액과 함께 주입된다. 또는 에탄올과 NaOH를 연료로 주입하고 Na$^+$ 이온을 전하운반체로 양이온교환막을 통과시키는 직접에탄올 연료전지도 가능하다[12].

7.3.3 직접암모니아 연료전지

에너지 저장매체로 수소의 역할이 증가하고 있다. 수소의 저장이나 이송을 위해서는 고압이나 저온용기(끓는 점 −252.9°C)를 이용하게 되어 에너지 소모와 안전 문제를 수반하게 된다. 이 문제를 극복하기 위한 대체 물질로 암모니아(액체 암모니아 상온에서 8.5 atm), 메탄, 메탄올, 에틸렌글리콜 같은 물질이 고려되고 있다. 그 가운데에서 암모니아는 에너지밀도와 에너지전환에서 유리하다. 따라서 암모니아를 연료전지에 적용하여 전기를 생산하는 에너지 공정이 개발되고 있다[15].

Fig. 7.7은 음이온교환막을 이용한 암모니아 연료전지 구조를 보여주고 있다. 기본적으로 알칼린 연료전지의 기작으로 작동하게 된다. 표준조건에서 셀 전압은 수소연료전지와 비슷한 수준인 1.17 V이고 생성물은 완전연소의 경우 질소와 수분으로 친환경적이다. 음이온교환막으로는 ASTOM A201이나 알칼리 도핑된 Nafion® 막이 주로 이용되었다.

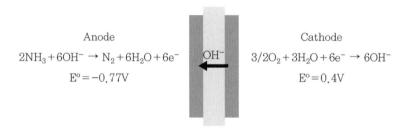

$$\text{Overall} : 2NH_3 + 3/2O_2 + 3H_2O \rightarrow N_2 + 6H_2O$$

Fig. 7.7 Principle of direct ammonia fuel cell

고분자 이온교환막에서는 사례를 찾기 어렵지만 700°C에서 운전 가능한 수소이온전도성 고체전해질을 이용한 직접암모니아 연료전지도 보고되었다[16]. 이 경우에는 수소와 혼합연료가 사용되기도 한다.

7.3.4 바이폴라막 구조를 이용한 연료전지

PEMFC의 가습문제를 해결하기 위해 바이폴라막 구조를 이용한 연료전지가 시도되었다. 수소이온 연료전지에 알칼린연료전지의 환원전극을 결합하는 형태로 셀을 구성하였다. 이 경우 양이온교환막과 음이온교환막이 만나는 접촉면에서 수소이온과 수산이온이 만나 물을 생성하게 된다. 물분자는 이온교환막 층으로 확산되어 막의 가습조건을 유지하게 된다. 아래 그림은 고분자 전해질막 연료전지에서 양이온교환막과 음이온교환막을 이용할 경우 각 전극의 전위차와 반응식을 보여주고 있다[17]. 이 경우 바이폴라막 내부의 경계면에서 막전위junction potential가 발생한다. 또한 경계면에는 H^+ 이온과 OH^- 이온의 반응활성화 에너지를 낮추는 촉매가 필요하다.

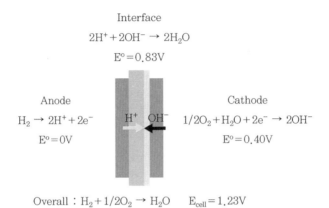

Fig. 7.8 Principle of a PEMFC using a bipolar membrane

7.4 연료전지운전

7.4.1 전류 - 전압 관계

연료전지의 성능은 외부 저항의 변화에 따른 전류－전압 관계를 보여주는 분극polarization 곡선으로 나타낸다. 여기에는 멤브레인의 저항 외에도 활성에너지, 물질전달저항 등에 의한 전압강하가 포함된다.

Fig. 7.9는 일반적인 연료전지의 성능 곡선에 나타나는 각 요소별 전압강하를 나타내고 있다. 실험적으로 분극 곡선을 얻는 절차는 다음과 같다. 연료전지의 운전온도에서 연료와 산소를 흘려주면서 촉매를 활성화시키다. 회로가 차단된 조건(또는 무한대로 높은 임피던스)에서는 전류

가 흐르지 않는다. 이 조건에서 측정한 전압을 OCVopen circuit voltage라고 하고 연료전지가 생산할 수 있는 최고 전압이다. 임피던스를 단계별로 감소시키면 전류는 증가하고 전압은 감소한다. 분극 곡선은 전압강하의 원인에 따라 크게 세 부분으로 나뉜다. 높은 임피던스로 전류가 낮은 영역에서는 전극반응의 활성화 에너지에 의한 전압강하가 크다. 낮은 임피던스에서 전류밀도가 높은 영역에서는 물질전달속도가 커지면서 물질전달에 의한 전압강하와 전류의 감소가 나타난다. 중간영역에서는 옴의 법칙에 따른 선형관계를 보인다.

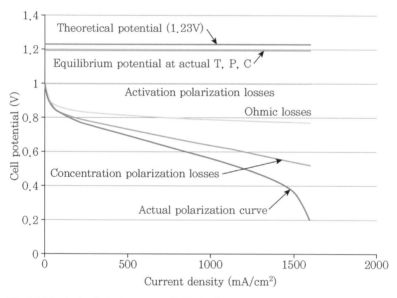

Fig. 7.9 A typical polarization curve of a fuel cell

다음 그림에서는 이런 경향을 정량적으로 분석하는 절차를 설명하고 있다. Fig. 7.10은 성능 곡선의 기울기로부터 계산한 저항을 전류의 함수로 나타낸 그래프이다. 앞에서 설명한 세 영역이 명확하게 구분된다. Fig. 7.11에서는 옴의 법칙에 따른 영역의 선형관계를 양방향으로 외삽하면 y축에서는 OCV 조건에서 전압강하(ΔE)가 나타나고, x축에서는 물질전달에 의한 전류감소(Δi)가 나타난다.

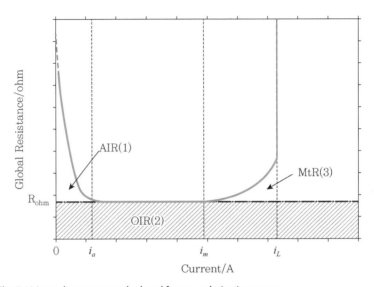

Fig. 7.10 Impedance curve calculated from a polarization curve

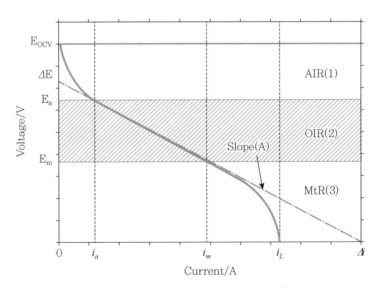

Fig. 7.11 Prediction of activation energy and mass transfer coefficient

전압강하를 이용하면 자유에너지 관계식(Eq. 7.2)으로부터 자유에너지 변화량을 계산할 수 있다. 또한 전극표면에서 율속단계에 관여하는 기체의 농도를 0이라 가정하면, x축에서 전류감소를 이용하여 Nernst-Planck 식으로부터 물질전달계수를 구할 수 있다(Eq. 7.3).

$$\Delta G = -nF\Delta E \text{ (kJ/mol)} \qquad \text{(Eq. 7.2)}$$

$$k = \frac{RT\Delta i}{nF\Delta P} \text{ (cm/sec)} \qquad \text{(Eq. 7.3)}$$

Table 7.2는 이미 발표된 문헌의 연료전지 성능 곡선으로부터 위 그림의 도식화 방법을 이용하여 활성화 에너지와 물질전달계수를 산출한 결과를 보여주고 있다[18].

Case 3,5에 나타나듯이 운전 온도가 상승할 때 활성화손실이 감소함을 보여주고 있다. Case 7에서는 온도가 상승했지만 낮은 가습으로 활성화손실이 오히려 증가함을 알 수 있다. 물질전달계수는 먼저 율속단계가 결정되고 율속단계의 운전조건에서 계산될 수 있다. 연료전지 운전에서 물질전달속도는 스택의 구조와 운전조건의 영향을 받는다. 특히 GDL의 기공은 운전 중 발생한 수분을 제거하고 물질전달 속도를 결정하는 중요한 요소다[23,24]. Table 7.2에서는 전극에 공급되는 연료와 산화제의 압력을 율속단계로 가정하고 계산된 물질전달계수를 보여주고 있다. 압력조건이 주어진 Case 1,2에서 압력이 상승하면서 물질전달계수가 감소하였다. 압력이 증가함에 따라 확산계수가 감소하기 때문이다[25]. 이 경우에는 압력의 영향이 크게 미치고 있지만, 정확한 물질전달계수는 다양한 스택구조와 전해질에서 이온전달을 포함한 더 많은 경우의 실험 결과로부터 속도론적인 이해와 율속단계의 확인이 필요하다. 이와 같은 정량적인 분석은 연료전지의 설계와 운전에서 최적조건을 결정하는 데 이용될 수 있다.

Table 7.2 Activation energy and mass transfer coefficient from a polarization curve estimated by the graphical method

Experiments	Membrane Type	Membrane thickness	Pt catalyst Anode	Pt catalyst Cathode	Binder Nafion	Cell RT	Cell T	Fuel gases H_2 P_{anode}	Fuel gases O_2(Air) $P_{cathode}$	ΔE_{act} E_{OCV}	ΔE_{act} E_O	Δj i_L	Δj i_O	Δj A	Ohmic resistance ASR of R_{ohm}	Activation energy ΔG_{act}	Mass transfer coefficient k
	Nafion	μm	mg cm^{-2}			%	°C	atm	atm	V	V	A	A	cm^2	Ω cm^2	kJ mole^{-1}	cm sec^{-1}
Case 1. O_2 pressure increase	115	127	0.30	0.30	0.60	100	50	1	1	0.976	0.847	65.5	85.8	50	0.494	24.9	0.0113
								3	3	1.010	0.880	70.0	101.6		0.433	25.0	0.0059
								5	5	1.027	0.897	73.3	109.9		0.408	25.1	0.0041
Case 2. Air pressure increase	115	127	0.30	0.30	0.60	100	70	1	(1)	0.943	0.826	39.4	92.6	50	0.446	22.5	0.0314
								3	(3)	0.992	0.868	54.9	104.1		0.417	23.9	0.0097
								5	(5)	1.000	0.873	62.5	114.8		0.380	24.6	0.0062
Case 3. T increase	115	127	0.20	0.20	NA^a	100	50	0.987	(0.987)	0.894	0.794	NA^a	26.7	25	0.750	19.3	NA^a
							70			0.905	0.821		28.1		0.730	16.3	
							80			0.900	0.834		28.7		0.727	12.8	
Case 4. Air pressure increase	115	127	0.20	0.20	NA^a	100	50	0.987	(0.987)	0.894	0.794	NA^a	26.7	25	0.750	19.3	NA^a
								1.480	(1.480)	0.904	0.798		29.7		0.672	20.5	
								1.974	(1.974)	0.912	0.798		40.2		0.496	22.0	
Case 5. T increase	115	127	4.00	4.00	NA^a	0.00	30	3	3	1.025	0.894	NA^a	76.0	25	0.294	25.2	NA^a
							50			1.017	0.904		100.4		0.225	21.9	
							70			1.016	0.912		114.4		0.199	20.0	
Case 6. T increase	115	127	0.40	0.40	NA^a	100	80	0.680	0.817	0.898	0.709	NA^a	5.3	5	0.665	36.5	NA^a
						67.4	90			0.953	0.724		8.4		0.430	44.2	

[a] not available from the polarization curve and the experimental information.

[b] outer Nafion binder content in addition to a constant electrode binder content of 0.035 mg cm^{-2}

(References: [Case 1,2][19]; [Case 3,4][20]; [Case 5][21]; [Case 6][22])

7.4.2 열화현상

멤브레인을 장시간 사용하면 성능이 저하된다. 열화현상degradation mechanism 의 원인은 멤브레인의 열적 불안정성, 산화반응에 의한 고분자구조의 파괴, 이온교환 기능기의 화학적 불안정성이 원인이 된다. 또한 정지-운전의 반복으로 인한 수축-팽창에 의한 기계적 강도의 약화 등이 원인이 된다. 열화속도의 결정은 실험적으로 가속 조건에서 전압이나 전류의 변화를 관찰함으로써 상대적인 내구성을 판단할 수 있다[26]. 또한 운전 중에는 응축수의 이온 분석을 통해 고분자 또는 기능기의 성분을 관찰함으로 멤브레인의 열화속도를 간접적으로 예측할 수 있다. 즉 양이온교환막의 열화는 SO_4^{2-} 이온의 측정을 통해서, 불소계 전해질막의 열화는 F^- 이온의 측정을 통해 추정할 수 있다.

7.4.3 연료개질 공정과 물관리

기체상태의 탄화수소를 연료로 이용할 때는 개질 공정을 거쳐 연료전지를 운전한다. 촉매 존재 하에 수증기 개질법을 적용할 경우 천연가스, 액화석유가스LPG 등으로부터 수소를 생산할 수 있다. 다음은 천연가스 중의 메탄을 개질할 때의 반응식을 나타낸다.

- 수증기 개질반응: $CH_4 + H_2O \rightarrow 3H_2 + CO$
- 물-기체 전이반응: $CO + H_2O \rightarrow H_2 + CO_2$
- 전체 반응식: $CH_4 + 2H_2O \rightarrow 4H_2 + CO_2$

위와 같이 메탄 1분자로부터 수소를 뽑아낼 때 물분자 2개를 필요로 한다. 정제되지 않은 물에 중에 함유되어 있는 칼슘이온, 황산이온 등의 용해성분은 촉매를 오염시켜 개질반응이 악화된다.

연료전지 물관리

개질 공정 외에도 고분자 연료전지에서 이온교환막의 가습을 위한 물 공급과 스택의 열을 이용하기 위해 순수한 물이 필요하다. 수소이온연료 전지 시스템에서는 전해질에 양이온교환막이 사용되며, 셀 내부의 연료극으로부터 공기극을 향하여 수소이온이 이동한다. 이 이동은 물분자를 동반하게 되고 연료극 부근에서 막의 수분이 소실되고 이온교환막이 건조되면 이온도전성이 소실되어 기능하지 못하게 된다. 이것을 방지하기 위하여 연료가스를 순수로 가습하여 이온교환막의 건조를 방지하고 있다. 순수를 사용하고 있는 이유는 물속에 포함된 이온을 제거함으로써 막, 촉매의 오염, 발전성능의 저하를 방지하기 위해서이다. 연료전지 셀에서 발생하는 열을 외부로 전달하고 셀 온도를 70~80°C로 유지하기 위하여 냉각수로에 물이 사용되고 있다. 이 냉각수로 전기전도도가 높은 물을 사용하면 전기의 누전shunt current이 발생하여 발전효율을 저하시킨다.

연료전지에 필요한 순수는 외부에서 연속적으로 공급하거나 응축수를 처리하여 재이용하는 내부순환방식이 있다. 외부에서 공급할 때 주로 이용되는 정수 방법은 ① 양이온, 음이온 혼합 이온교환수지를 충전한 현장 비재생 카트리지, ② 역삼투막장치와 후처리 카트리지 조합, ③ 역삼투막장치에 전기탈이온장치를 조합시킨 것이다. ①의 방식은 간단한 구조이지만 단기간에 여과성능이 떨어지기 때문에 카트리지를 자주 교환해야한다. ②의 방식은 ① 방식에 비해 교환하는 주기는 길어지지만 역시 정기적으로 카트리지를 교환해야 하는 불편함이 있다. ③ 방식은 6장에서 설명된 전기탈이온법Electrodeionization으로 연속적으로 고순도의 물을 생산하기 때문에 빈번한 이온교환수지 교체가 필요 없다는 장점을 갖고 있다. 수돗물이 원수로 이용될 경우 잔류염소를 활성탄으로 환원하고, 정밀여과로 부유 물질을 제거한 후, 역삼투 공정과 전기탈이온 장치를 거쳐 필요한 순도까지 정수한다. 내부순환식 순수 관리에는 혼합수지관이나 전기탈이온 장치가 이용된다. 혼합수지에 의한 처리는 장치비가 낮은 대신 수지를 주기적으로 교체해야 하는 문제가 있다. 연료전지에서 회수한 응축수 중에는 상당량의 이산화탄소가 포함되어 있기 때문에 탈기 공정을 거치고 미량의 금속류, 고형물질을 제거하여 전기탈이온장치에 공급한다. 수온을 40~65°C로 유지한 응축수를 전기탈이온장치로 연속운전하였을 때에 처리수 수질은 안정하여 10 MΩ·cm 이상을 유지할 수 있다 [27]. 특히 장기간 연속운전을 위해서는 전기탈이온 방식이 유리하다.

참고문헌

[1] K.-D. Kreuer, S.J. Paddison, E. Spohr, M. Schuster, Transport in Proton Conductors for Fuel-Cell Applications: Simulations, Elementary Reactions, and Phenomenology, Chemical Reviews, 104 (2004) 4637-4678.

[2] K.-D. Kreuer, A. Rabenau, W. Weppner, Vehicle Mechanism, A New Model for the Interpretation of the Conductivity of Fast Proton Conductors, Angewandte Chemie International Edition in English, 21 (1982) 208-209.

[3] J. Escorihuela, J. Olvera-Mancilla, L. Alexandrova, L.F. del Castillo, V. Compañ, Recent Progress in the Development of Composite Membranes Based on Polybenzimidazole for High Temperature Proton Exchange Membrane (PEM) Fuel Cell Applications, Polymers, 12 (2020) 1861.

[4] M. Robert, A. El Kaddouri, J.-C. Perrin, K. Mozet, M. Daoudi, J. Dillet, J.-Y. Morel, S. André, O. Lottin, Effects of conjoint mechanical and chemical stress on perfluorosulfonic-acid membranes for fuel cells, Journal of Power Sources, 476 (2020) 228662.

[5] Z. Taherkhani, M. Abdollahi, A. Sharif, S. Barati, Poly(benzimidazole)/poly (vinylphosphonic acid) blend membranes with enhanced performance for high temperature polymer electrolyte membrane fuel cells, Solid State Ionics, 364 (2021) 115635.

[6] E. Hoffmann, D. Fischer, M. Thoma, C. Damm, V. Lobaz, A. Zhigunov, W. Peukert, Impact of DAA/water composition on PFSA ionomer conformation, Journal of Colloid and Interface Science, 582 (2021) 883-893.

[7] S.-J. Seo, J.-J. Woo, S.-H. Yun, H.-J. Lee, J.-S. Park, T. Xu, T.-H. Yang, J. Lee, S.-H. Moon, Analyses of interfacial resistances in a membrane-electrode assembly for a proton exchange membrane fuel cell using symmetrical impedance spectroscopy, Physical Chemistry Chemical Physics, 12 (2010) 15291-15300.

[8] K. Scott, E. Yu, G. Vlachogiannopoulos, M. Shivare, N. Duteanu, Performance of a direct methanol alkaline membrane fuel cell, Journal of Power Sources, 175 (2008) 452-457.

[9] H. Yanagi, K. Fukuta, Anion Exchange Membrane and Ionomer for Alkaline

Membrane Fuel Cells (AMFCs), ECS Transactions, 16 (2008) 257-262.

[10] A. Allushi, T.H. Pham, P. Jannasch, Highly conductive hydroxide exchange membranes containing fluorene-units tethered with dual pairs of quaternary piperidinium cations, Journal of Membrane Science, 632 (2021) 119376.

[11] N. Chen, H.H. Wang, S.P. Kim, H.M. Kim, W.H. Lee, C. Hu, J.Y. Bae, E.S. Sim, Y.-C. Chung, J.-H. Jang, Poly (fluorenyl aryl piperidinium) membranes and ionomers for anion exchange membrane fuel cells, Nature Communications, 12 (2021) 1-12.

[12] M.Z.F. Kamarudin, S.K. Kamarudin, M.S. Masdar, W.R.W. Daud, Review: Direct ethanol fuel cells, International Journal of Hydrogen Energy, 38 (2013) 9438-9453.

[13] G. Andreadis, P. Tsiakaras, Ethanol crossover and direct ethanol PEM fuel cell performance modeling and experimental validation, Chemical Engineering Science, 61 (2006) 7497-7508.

[14] J. Tayal, B. Rawat, S. Basu, Effect of addition of rhenium to Pt-based anode catalysts in electro-oxidation of ethanol in direct ethanol PEM fuel cell, International Journal of Hydrogen Energy, 37 (2012) 4597-4605.

[15] Y. Guo, Z. Pan, L. An, Carbon-free sustainable energy technology: Direct ammonia fuel cells, Journal of Power Sources, 476 (2020) 228454.

[16] N. Maffei, L. Pelletier, J.P. Charland, A. McFarlan, An intermediate temperature direct ammonia fuel cell using a proton conducting electrolyte, Journal of Power Sources, 140 (2005) 264-267.

[17] M. Ünlü, J. Zhou, P.A. Kohl, Self Humidifying Hybrid Anion-Cation Membrane Fuel Cell Operated Under Dry Conditions, Fuel Cells, 10 (2010) 54-63.

[18] S.-H. Yun, J.-J. Woo, S.-J. Seo, T.-H. Yang, S.-H. Moon, Estimation of approximate activation energy loss and mass transfer coefficient from a polarization curve of a polymer electrolyte fuel cell, Korean Journal of Chemical Engineering, 29 (2012) 1158-1162.

[19] J. Kim, S.M. Lee, S. Srinivasan, C.E. Chamberlin, Modeling of Proton Exchange Membrane Fuel Cell Performance with an Empirical Equation, Journal of The Electrochemical Society, 142 (1995) 2670-2674.

[20] M.G. Santarelli, M.F. Torchio, Experimental analysis of the effects of the operating variables on the performance of a single PEMFC, Energy Conversion and Management, 48 (2007) 40-51.

[21] S.R. Narayanan, T.I. Valdez, S. Firdosy, Analysis of the Performance of Nafion-Based Hydrogen-Oxygen Fuel Cells, Journal of The Electrochemical Society, 156 (2009) B152.

[22] Y. Fu, A. Manthiram, M.D. Guiver, Blend membranes based on sulfonated poly (ether ether ketone) and polysulfone bearing benzimidazole side groups for proton exchange membrane fuel cells, Electrochemistry Communications, 8 (2006) 1386-1390.

[23] S.K. Das, H.A. Gibson, Three dimensional multi-physics modeling and simulation for assessment of mass transport impact on the performance of a high temperature polymer electrolyte membrane fuel cell, Journal of Power Sources, 499 (2021) 229844.

[24] Y. Tabe, T. Nasu, S. Morioka, T. Chikahisa, Performance characteristics and internal phenomena of polymer electrolyte membrane fuel cell with porous flow field, Journal of power sources, 238 (2013) 21-28.

[25] E.L. Cussler, E.L. Cussler, Diffusion: mass transfer in fluid systems, Cambridge university press, 2009.

[26] S.-H. Yun, S.-H. Oh, J.-J. Woo, J.-Y. Lee, J.-H. Lee, S.-B. Lee, C.-M. Min, J. Lee, J.-S. Lee, S.-H. Moon, End-group cross-linked large-size composite membranes via a lab-made continuous caster: enhanced oxidative stability and scale-up feasibility in a 50 cm 2 single-cell and a 220 W class 5-cell PEFC stack, RSC Advances, 3 (2013) 24154-24162.

[27] Y. Misumi, S. Satoh, Fuel Cell and Ion Exchange, Journal of Ion Exchange, 14 (2003) 136-141.

이온교환막을 이용한
에너지전환 공정

산화환원흐름전지(Redox flow battery, RFB)
역전기투석(RED)
수전해에 의한 수소 생산
산염기 흐름전지

08
이온교환막을 이용한
에너지전환 공정

　이온교환막을 이용한 에너지 공정으로는 수소나 알코올 연료를 전기적 에너지로 전환하는 연료전지, 전기 에너지와 화학적 에너지를 가역적으로 전환하여 저장하고 필요에 따라 전기를 사용할 수 있게 하는 2차 전지secondary battery와 멤브레인 양단의 농도 차를 이용해 전기를 생성하는 역전기투석reverse electrodialysis, RED 공정 등이 있다. 여기에서 이온교환막이 수행하는 공통적인 기능은 전하운반체charge carrier의 전달과 각 전극에 있는 전해질의 섞임 방지이지만 각 공정의 운전조건과 세부 전지 종류의 특성에 따라 전해질막이 가져야 하는 성질이 달라진다. 이 때문에 에너지 공정의 특성을 파악하고 막 합성기술을 이용해 이에 맞는 이온교환막을 개발하는 것이 필요하다.

　에너지 저장을 목적으로 하는 2차 전지에 이온교환막이 사용되는데, 대표적으로는 리튬이온전지lithium-ion battery, LIB와 산화환원 흐름전지redox flow battery, RFB가 있다. 리튬이온전지에서는 리튬이온을 전달하고 전해질의 섞임을 방지하는 막이 사용되는데 이온교환막이 이용되는 특별한 경우를 제외하고 일반적으로 전하를 띄지 않고 리튬이온만 통과시킬 정도의 기공을 가지는 분리막이 이용되기 때문에 여기에서 다루지는 않는다.

8.1 산화환원 흐름전지(Redox flow battery, RFB)

8.1.1 RFB의 원리

RFB는 전극과 이온교환막의 사이에 위치한 전해질에서 산화와 환원 전자쌍반응의 전위차로 인한 충·방전을 통해 에너지를 저장하거나 전기를 생산한다. 충·방전에 필요한 양극과 음극 전해질은 별도의 저장조에 용량 제한 없이 저장될 수 있다. RFB 전지는 리튬이온 배터리에 비해 안전성이 높고 장주기성 충·방전 능력을 가지고 있다는 장점이 있다.

최초의 흐름전지는 Meidensha Electric Mtg. Co.의 특허이며, 바나듐 산화환원쌍은 호주의 M. Skyllas-Kazacos에 의해 제안되어 RFB의 개발과 실용화가 촉진되었다[1].

Fig. 8.1에 나타나듯이 RFB 셀에서 음극액catholyte이 음극positive electrode에 공급되고 양극액anolyte이 양극negative electrode에 공급되면서 각각 산화반응과 환원반응이 일어나고 반응에 따라 전자의 이동이 일어난다. 전극액은 셀의 외부에 저장조에 별도로 보관되어 펌프에 의해 셀로 공급된다.

RFB는 산화환원쌍의 산화환원반응에서 발생하는 전자의 이동을 기본 원리로 한다. 내부의 셀은 양극과 음극으로 이루어져 있으며 이들 전극조 사이에는 이온교환막이 있다. 일반적으로 RFB의 전극에서는 충전과 방전 과정을 거칠 때, 다음과 같은 산화 혹은 환원반응이 일어나며 이때 두 전극 사이에 기전력이 발생한다. (최근 문헌에서는 cathode와 anode를 positive electrode와 negative electrode로 표시하기도 한다. 고전위 전극과 저전위 전극으로 충·방전에 관계없이 이용할 수 있다.)

• 양극(negative 전극): $A^{n+} + e^- \rightarrow A^{(n-1)+}$: 충전

$$A^{(n-1)+} \rightarrow A^{n+} + e^- : 방전$$

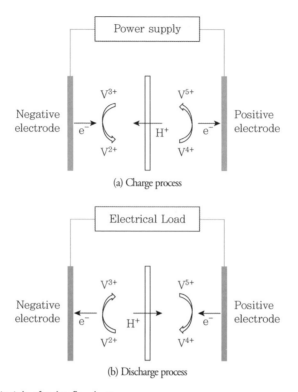

(a) Charge process

Electrical Load

(b) Discharge process

Fig. 8.1 Principle of redox flow battery

•음극(positive 전극): $B^{m+} \rightarrow B^{(m+1)+} + e^-$: 충전

$$B^{(m+1)+} + e^- \rightarrow B^{m+} : 방전$$

이 경우, 양극실anode(산화전극)의 활물질은 A이며, 음극실cathode(환원전극)의 활물질은 B이다. 방전상태일 경우, 양극anode(산화전극)에서 활물질이 전극을 통과하면서 산화반응을 거쳐 전자를 만들고, 형성된 전자는 외부 회로로 흐른다. 음극에서는 전자를 받는 환원반응이 일어난다. 반대로 충전상태일 경우, 방전상태와 반대되는 반응이 각각에 전극에서 발생한다. 양극액과 음극액에서 산화환원반응이 일어나면 각 용액의 총

전하가가 변하게 되고 이때 각 전극액의 전기적 중성을 유지하기 위해 이동하는 이온은 전하운반체charge carrier가 된다. 따라서 RFB 셀에서는 양극액과 음극액의 산화환원반응물을 분리하고 전하운반체의 이동을 용이하게 하는 것이 이온교환막의 기능이다. 전하운반체를 포함하는 지지전해질은 용매에 녹아 전극실에 공급되는데, 용매는 물 또는 유기 용매를 이용하게 된다. 용매에 따라 수계 또는 비수계 RFB로 분류한다.

물을 용매로 사용하는 RFB를 수계 RFBaqueous RFB라 하며, 물이 아닌 유기용매를 사용하는 RFB를 비수계 RFBnon-aqueous RFB라 한다. 수계의 경우 반응에 참여하는 산화환원쌍이 금속이온인 반면, 비수계의 경우 전이금속과 리간드의 복합체의 형태로 이용된다. 비수계 용매로 주로 acetyl nitrile(CH₃CN)이 사용된다. 또한 지지전해질supporting electrolyte은 수계의 경우 강산이 사용되며, 비수계의 경우 대표적으로는 TEABF4tetraethylammonium tetrafluoroborate가 사용된다. 따라서 전하운반체로는 수계에서 수소이온, 비수계에서는 tetrafluoroborate(BF₄⁻)가 이용된다. 수계 RFB는 전극에서 일어나는 물분해현상으로 운전 전압에 한계가 있으며, 비수계 RFB는 운전 전압과 에너지 밀도를 향상시킬 수 있는 장점이 있다. 다음 표는 수계 또는 비수계 RFB에서 쓰이는 대표적인 산화환원쌍, 지지전해질, 전하운반체를 비교한 것이다.

Table 8.1 Comparison of aqueous RFB and nod-aqueous RFB

	Aqueous RFB system	Non-aqueous RFB system
Redox couple	Metal ion	Transition-metal complex
	(All-vanadium, Fe/Cr, Mn/V, Br/S, Fe(II/III))	MLn(M: transition metal, L: ligands)
Solvent	H_2O	CH_3CN
Supporting electrolyte	H_2SO_4, HCl	$TEABF_4$, $EMIPF_6$
Charge carrier	H^+	BF_4^-, PF_6^-

8.1.2 수계 RFB에 이용되는 멤브레인

RFB에 이용되는 멤브레인은 양극실과 음극실의 산화환원쌍이 투과하는 것을 차단하고 전하운반체가 선택적으로 투과하도록 선정되어야 한다. RFB에 최적화된 이온교환막을 찾는 것은 배터리의 수명과 성능을 극대화시키는 데 중요한 역할을 하기 때문이다. 이온교환막은 다음과 같은 특성을 지녀야 한다. 첫째, 이온교환막은 산성 조건의 환경에서 화학적 안정성chemical stability을 가져야 한다. 둘째, 양전극의 높은 산화환경에서 견딜 수 있는 내성을 가져야 한다. 셋째, 활물질의 투과를 배제하고 전하운반체의 높은 선택적 투과성을 가져야 한다. 이 물성은 1장에서 설명된 전기전도도와 이동수에 의해 비교할 수 있다.

이온교환막에서 다음과 같은 두 가지의 이온 이동이 가능하다. 전하운반체가 양이온일 때는 양이온교환막이 이용되고, 전하운반체가 음이온교환막이 이용된다. 다만 음이온교환막은 수소이온에 대한 배제 능력이 낮기 때문에 수소이온이 전하운반체로 이용되는 경우에는 가교도가 낮은 음이온교환막이 이용되기도 한다. 이 경우에는 음이온교환막이 바나듐 같은 양이온 산화환원쌍을 쉽게 배제할 수 있는 장점이 있다. 그러나 음이온교환막이 이용될 때는 지지전해질의 음이온도 전하운반체의 역할을 수행할 수 있어서 이온의 이동현상에 대한 정확한 고려가 필요하다. Fig. 8.2는 각기 다른 산화환원쌍이 이용되는 RFB에서 양이온교환막과 음이온교환막에 따른 전하운반체의 이동을 보여주고 있다.

다음 Fig. 8.3은 수계 RFB에서의 전극반응과 양이온교환막의 이온교환 메커니즘이다. 이 경우 전하운반체인 수소이온이 전기적 중성을 이루기 위해서, 충전상태일 경우 양극negative electrode 쪽으로 이동하며 반대로 방전상태일 경우 음극positive electrode 쪽으로 이동한다.

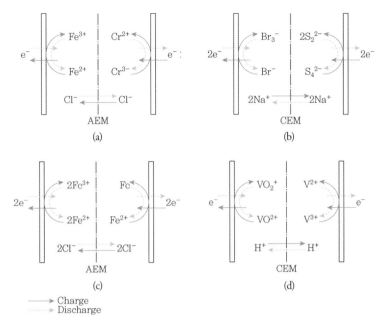

Fig. 8.2 Redox couples used in aqueous redox flow batteries. (a) Fe/Cr, (b) Br/S, (c) all iron, (d) vanadium materials(cation exchange membrane, CEM; anion exchange membrane, AEM)[2]

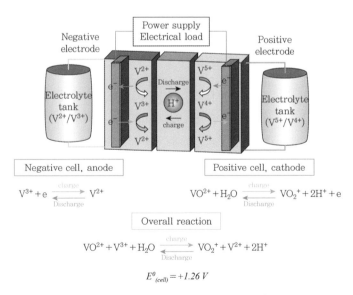

Fig. 8.3 Role of a cation exchange membrane for charge transfer in an aqueous VRFB

RFB용 막에서 중요한 문제 중의 하나는 산화환원 물질의 투과도이다. 수계 산화환원 흐름전지의 산화환원물질은 일반적으로 금속 혹은 전이금속의 산화물이므로 양이온교환막을 사용하면, 이 물질들의 투과가 일어나 전지의 성능을 급격히 하락시킬 수 있다. 따라서 이 물질의 투과도를 감소시키면서 동시에 수소이온의 전달을 원활히 하는 양이온교환막이 요구되고 있다. 반대로 흐름전지에 음이온교환막을 사용하면 Donnan 배제에 의해 산화환원 물질의 투과도를 획기적으로 낮출 수 있지만, 수소보다 크게 느린 음이온_{주로 황산 이온}이 전하를 전달하게 되므로 기본 성능이 감소되는 단점이 있다. 또한 대부분의 음이온교환막이 수소이온을 완전히 차단하지 못하기 때문에 충·방전 시 전류효율이 떨어진다. 충전용량과 방전용량만을 비교하면 이 에너지 손실은 드러나지 않을 수 있다. 따라서 흐름전지용 음이온교환막의 제조는 낮은 투과도를 유지하면서 높은 음이온 전달속도를 갖는 방향으로 이루어져야 한다[3]. 이러한 단점을 보완하기 위해 양쪽성이온교환막amphoteric ion exchange membrane이 이용되기도 한다. 양쪽성이온교환막에서는 양이온교환기에 의한 Donnan 배제가 일어나는 한편 음이온교환기에 의해 높은 음이온 투과도를 일으킬 수 있다 [4-6]. 그러나 음이온교환막에서 일어나는 전하운반체의 기작에 관해서는 정확하게 이해되지 않고 있다. 양이온교환층과 음이온교환층을 포함한 바이폴라막은 바나듐의 투과를 효과적 억제할 수 있지만 막의 저항을 최소화할 수 있는 정교한 구조가 필요하다[7].

화학적 안정성이 뛰어나고 높은 전류밀도에서 운영이 가능한 Nafion®에서도 이온 섞임현상이 일어난다. 바나듐의 투과를 줄이기 위해 실리카를 첨가하여 졸겔 방식으로 막이 제조되기도 한다. 이렇게 제조된 막에서는 이온채널 사이에 실리카 성분이 효과적으로 위치하여 바나듐의 투과를 억제하고 이온교환 효율을 개선한다[8]. 저가의 막을 개발하기 위해 화학적·기계적으로 안정성이 뛰어난 다공성의 지지체에 이온교환 전해질 용액을 충진 후, 가교제를 이용한 가교반응을 거쳐 막을 제조하고 바나듐 흐름전지의 성능을 크게 개선하기도 하였다[9]. 대용량 장치에서는 막제조 비용을 줄이고 바나듐의 투과를 최소화하기 위해 상용화된 음이온교환막이 이용되기도 한다. 이 경우에는 황산 용액의 SO_4^{2-}가 전하운반체가 되어 에너지 효율이 높지 않은 것으로 알려져 있다[5]. 그 밖에 비이온성 나노멤브레인이 이용되기도 하는데, 이때는 수화된 이온의 크기를 고려하여 기공의 크기가 조절되어야 한다. 비용매non-solvent의 함량과 건조 속도에 따라 다른 기공의 크기 또는 비대칭적 막구조가 제조될 수 있다. 상전이법에 의해 기공의 크기가 다른 두 층으로 형성된 비대칭막도 이용되었다[10]. Nafion® 막을 대체할 수계용 막을 개발하기 위해 가격이 저렴한 탄화수소를 기반으로 한 양이온교환막의 개발이 진행되고 있다[11]. 수용액상태에서 유기 산화환원쌍을 이용한 흐름전지도 연구되고 있다. 이 경우 퀴논quinone, 템포TEMPO, 페로센ferrocene 계열의 산화환원물질이 이용된다. 이 물질들은 수계 흐름전지에서 이용되는 이온교환막과 같이 사용된다[12,13].

8.1.3 비수계 RFB에 이용되는 멤브레인

수계 흐름전지는 고전압의 충전 조건에서 물의 전기 분해를 발생시키기 때문에 충전의 전압 조건이 엄격히 제한된다는 단점이 있다. 따라서 고전압을 요구하는 비상 발전시설 및 산업에는 적절하지 못하다. 이를 극복하기 위하여 용매인 물의 전기분해를 피하고 고전압에서의 충·방전을 위한 대안으로 비수계 용매를 사용할 수 있다. 비수계 RFB의 용매로 아세토나이트릴acetonitrile이나 프로필렌 카보네이트propylene carbonate 등과 같은 유기 용매를 사용하고 산화환원반응 물질로 유기 용매에 잘 용해되는 금속 리간드metal ligand 물질을 사용한다. 이러한 금속 리간드로는 Fig. 8.4에 나타나 있는 우라늄, 루비듐, 크로뮴, 바나듐과 같은 물질들이 사용될 수 있다[2]. 비수계의 경우에도 전하운반체에 따라 양이온교환막과 음이온교환막이 사용될 수 있으며 대표적으로 BF_4^- 이온이 이용되고 있다. BF_4^- 음이온이 이동하는 비수계의 경우 음이온교환막이 사용된다. 아래 그림은 비수계 RFB 시스템에는 충·방전반응이 일어날 때, 이온교환막을 통해 이루어지는 이온교환 메커니즘을 설명하고 있다. 방전반응이 일어날 때, 전하운반체인 BF_4^- 음이온이 전기적 중성을 이루기 위해서 양극negative electrode 쪽으로 움직이고, 충전반응이 일어날 때에는 음극positive electrode 쪽으로 움직인다. 그 결과 비수계 레독스 흐름전지는 2 V

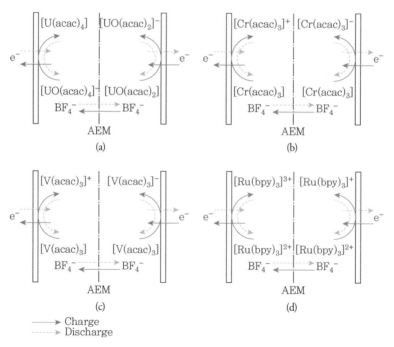

Fig. 8.4 Non-aqueous redox flow batteries. (a) uranium ligand complexes, (b) chromium ligand complexes, (c) vanadium ligand complexes, (d) ruthenium ligand complexes(anion exchange membrane, AEM)[2]

이상의 고전압에서도 용매의 전기분해 없이 운전이 가능하다는 장점을 가지고 있다.

비수계에 사용되는 전하운반체인 BF_4^- 이온의 몰 전도도는 아세토나이트릴의 용매 조건하에서 108.5 S cm^2 mol^{-1}로 수계의 수소이온의 몰 전도도인 349.6 S cm^2 mol^{-1}보다 매우 낮다[14,15]. 이로 인해 시스템의 저항이 높고 전기적 중성을 유지하는 속도가 느려 충·방전 효율이 떨어진다. 또한 산화환원쌍의 용해도도 낮아, 낮은 전류밀도에서 운전되기 때문에 충·방전 용량이 수계 흐름전지에 비해 떨어진다. 수계 흐름전지를 포함하여 연료전지, 역전기투석 등과 같은 수계 에너지 저장 및 변환 시스템에 적용하기 위해 개발된 이온교환막은 비수계의 분위기 속에서 구동하는 RFB에서는 낮은 전류밀도를 보인다. 비수계 흐름전지에서 전류밀도를 높이기 위해 사용되고 있는 상용막으로는 PTFE, PE와 같은 다공성 분리막이 있다. 다공성 분리막은 이온교환 능력이 없기 때문에 전하운반체에 대한 선택성이 낮고 산화환원쌍의 섞임을 효과적으로 막지 못하고 있다. 100 μm 이상의 두께를 가진 비다공성막 이온교환막은 대부분 수처리를 위한 막으로 개발되었기 때문에 비수계 흐름전지에서는 높은 저항으로 인해 낮은 전력생산성을 보인다[16]. 이 때문에 지금까지 비수계 흐름전지의 성능은 대체로 수계 흐름전지에 비해 낮다. 따라서 높은 전류밀도에서 안정적으로 운영하기 위해서는 전해질의 섞임을 방지할 수 있는 박막 형태의 이온교환막 개발이 필요하다. 또는 화학적 안정성이 뛰어난 PVDFpoly(vinylidene fluoride) 고분자에 반침투성막semi interpenetrating polymer network membrane을 도입하여 작동 전류 밀도를 높이고 산화환원 용액의 섞임을 줄이고 있다. 이외에 수계와 마찬가지로 다공성의 지지체에 이온교환 용액을 함침하는 방식이나 가교반응으로 제조된 막을 비수계에 적용하고 있다[17].

RFB에 이용되는 전극

RFB의 스택 구성에서 전극은 주로 탄소전극이 이용된다. 탄소전극은 Glassy carbon, carbon felt, carbon paper, activated graphite, carbon nanotube, carbon-polymer composite 등의 형태로 이용된다. 여러 가지 산화환원쌍에 대해 다른 형태의 탄소전극은 다른 전자이동속도상수를 갖는다[18].

기타 흐름전지의 개발

재생에너지의 간헐성은 대규모 전력공급망의 안정성을 저해하고 있어서, 여러 가지 에너지 저장기술이 필요하다. 지금까지 개발된 수계 RFB 기술은 1~100 MWh 규모의 에너지저장 장치로 설치되고 있다[19]. 또한 새로운 흐름전지로 연구되고 있는 대표적인 형태는 Zn/I_2 흐름전지와 바나듐/공기 흐름전지가 있다. Zn/I_2 흐름전지는 Zn와 I_2을 각각 양극anode (산화전극)과 음극cathode(환원전극) 물질로 이용하고 멤브레인은 양이온 교환막이나 음이온을 차단할 수 있는 다공성막을 이용한다[20]. 바나듐/공기 흐름전지는 바나듐 흐름전지에서 음극positive electrode의 V^{4+}/V^{5+} 대신 H_2O/O_2 반응을 이용하는 흐름전지이다. 바나듐 흐름전지에서 일어나는 바나듐 투과를 방지할 수 있고 연료전지의 MEA와 같은 구조를 갖는다. 따라서 멤브레인은 양이온교환막을 이용하고 바나듐/산소 연료전지 vanadium oxygen fuel cell로 부르기도 한다[21,22].

8.2 역전기투석

8.2.1 역전기투석의 원리

역전기투석RED은 이온교환막의 양쪽 면에 흐르는 바닷물과 강물의 염분차를 에너지원으로 하여 양쪽의 이온 농도차에 의해 발생하는 전위차를 이용하는 발전이다. 30 TWh의 전력을 역전기투석에 의해 생산할 경우 1,200만 톤의 이산화탄소 배출 저감 효과가 있다[23]. 역전기투석 장치는 전기투석과 같은 구조로 양이온교환막과 음이온교환막을 동시에 사용한다. 또한 다른 공정에서 전하운반체로 작용하는 수소이온보다 분자량이 큰 Na^+, Cl^- 같은 염의 이동을 통해 에너지를 생성하므로 이에 적합한 이온교환막이 필요하다. 또한 다른 공정에 비하여 전류밀도가 낮아 전력 생산에 저가의 대면적 막이 필요하다. 따라서 역전기투석용 이온교환막은 탄화수소의 재질을 이용한 균질막뿐만 아니라 저가의 비균질막과 모자이크 막도 적용될 수 있다.

Fig. 8.5는 역전기투석의 원리를 보여준다. 이온교환막의 양면에 접한 수용액에 다른 농도의 투과 가능한 이온이 존재한다면 수용액 사이에서 전위차가 발생한다. 양이온막은 양이온의 농도차에 의해 전위차가 발생하고 음이온교환막에서는 음이온의 농도차에 의해 반대 방향의 전위차가

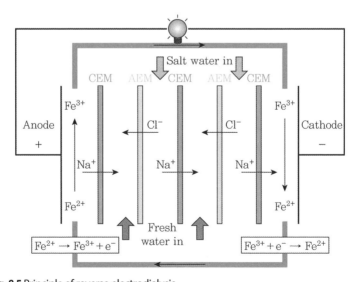

Fig. 8.5 Principle of reverse electrodialysis

발생한다. 5장에서 설명되었던 전기투석이 외부전원에 의해 이온을 농축하거나 희석한다면, 역전기투석은 이온의 농도차에 의해 전위차가 발생하고 이 전위차를 산화환원쌍Redox couple에 의한 전극반응을 일으키면 기전력이 발생하게 되는 것이다.

이온교환막에서 전위차는 각 이온교환막에 투과할 수 있는 이온의 농도차에 의해 결정되지만 수용액상태에서는 전기적인 중성에 의해 상대이온과 동시에 존재하게 된다. 따라서 실제의 농도차는 양이온과 음이온으로 이루어진 염의 농도에 의해 결정된다. 이러한 원리로 해수와 담수가 이온교환막을 경계로 하여 만나면 전위차가 발생하고 이 전위차에 의한 발전이 가능하게 된다. 역전기투석에 필요한 요소들과 운전 방식에 대해 알아보기로 한다.

이온교환막의 전위차는 다음과 같이 표시된다. 막 양쪽 면의 Donnan potential을 같다고 가정하면 멤브레인 전위는 확산전위diffusion potential와 같아진다. 확산전위는 이온의 선택적 확산에 의해 생기는 평형 전압으로 Nernst 식으로 표현된다. 멤브레인의 이동수를 고려한 막전위차는 양이온교환막과 음이온교환막에서 식(Eq. 8.1)과 식(Eq. 8.2)와 같이 각각 발생한다.

$$\phi^{CEM} = t_+ \left[\frac{RT}{F} \ln \frac{a_{Na^+}^{\alpha}}{a_{Na^+}^{\beta}} \right] \qquad (\text{Eq. 8.1})$$

$$\phi^{AEM} = t_- \left[\frac{RT}{F} \ln \frac{a_{Cl^-}^{\alpha}}{a_{Cl^-}^{\beta}} \right] \qquad (\text{Eq. 8.2})$$

따라서 RED 스택을 구성하기 위한 주요 요소는 이온교환막, 전극, 산화환원쌍이다.

8.2.2 역전기투석에 이용되는 이온교환막

역전기투석이 필요한 이온교환막의 화학적 성질은 전기투석에서 필요한 막의 성질과 크게 다르지 않다. 먼저는 높은 이온 선택성이 요구된다. 이온의 선택성이 낮아지면 상대이온의 전위차가 반대방향으로 생겨 결과적으로 전위차의 합은 낮아지게 된다. 일반적으로 이온의 선택성을 나타내는 이동수를 기준으로 0.95 이상의 막이 이용된다. 비균질막의 경우 이동수 0.9 정도의 막이 이용되기도 한다. 두 번째로 기계적인 강도에 관한 것이다. 전기투석과 역전기투석 모두 압력차에 의한 다른 막 공정과는 달리 막의 양단에 걸리는 압력차는 거의 없지만 미세한 압력차에 의한 막이 균열을 방지할 수 있는 강도를 가져야 한다. 특히 스택을 구성하는 과정에서 수십 장의 막과 개스킷에 가해지는 압력에 의한 막의 손상도 발생할 수 있다. 세 번째는 역전기투석에서 가장 중요한 성질로 낮은 전기저항이 요구된다. 전위차는 막의 선택성과 농도차에 의해 결정되지만 전력량에 기여하는 전류밀도는 막의 전기저항에 반비례한다. 낮은 전기저항은 두께가 얇은 막, 높은 이온교환용량의 막을 제조함으로써 가능하게 된다. 그러나 두께가 얇은 막은 이온의 선택성과 기계적 강도에서 불리해진다. 이러한 이유로 지금까지 대부분의 역전기투석 연구는 전기투석용 멤브레인을 이용하고 있어서 새로운 막의 개발이 필요하다.

상용막을 사용해서 구동한 역전기투석은 5셀(1셀은 양이온교환막 1장과 음이온교환막 1장으로 이루어진 단위) 스택을 기준으로 Tokuyama의 CMX와 AMX를 사용한 역전기투석 장치는 $1.07 \ W \ m^{-2}$, Fumatech의 FKS와 FAS를 적용한 장치의 경우에는 $2.20 \ W \ m^{-2}$의 파워 밀도를 보여주었다[24]. 또한 양이온교환막으로 Sulfonated poly(ether ether ketone) SPEEK 막을 제조해 AMX 막과 같이 역전기투석 장치에 적용해 $1.10 \ W \ cm^{-2}$, CMX와 음이온교환막으로 polyepichlorohydrin 소재의 막을 이용한 장치는 최대 1.27 W m^{-2}의 결과를 보였다. 전기장을 통해 막의 성능을 향상시키는 기술을 역전기투석용 Sulfonated poly(2,6 dimethyl-1,4-phenylene oxide)^{SPPO} 막을 제조하는 데 적용하여, 전력밀도가 두 배 가까이 증가한 1.34 W m^{-2}의 성능을 보였다[25]. 대부분의 상용막과 제조된 막들은 1~2.2 W m^{-2} 의 전력밀도를 보여주었다[26]. 역전기투석이 경제성을 갖기 위해서는 전력밀도가 5 W/m^{2}이어야 한다.

해수를 이용하는 실제 공정의 장기 운전에서 발생하는 문제는 2가 이온에 의한 이온교환막의 오염현상이다. Ca^{2+}, Mg^{2+}, CO_3^{2-}, SO_4^{2-} 같은 2가 이온은 막을 오염시킬 뿐만 아니라 OCV를 감소시켜 전력 생산 효율을 떨어뜨린다. 특히 RO 농축수와 같은 고농도 염으로 역전기투석을 운전하는 경우 양이온교환막은 $CaCO_3$ 같은 무기염의 침착, 음이온교환막은 유기물에 의한 오염이 주로 관찰되었다[27]. 역전기투석의 운전에서 막오염을 최소화하기 위해 2가 이온을 배제하는 이온교환교환막이 고려되고 있다. 2가 이온을 배제하는 방법은 4장에서 설명된 1가 선택성 막이다. 치밀한 기저막을 이용하는 방법과 막 표면에서 전기적인 반발력을 이용하는 방법이 있는데 전자는 전기저항을 크게 할 수 있다. 표면개질은 두 가지 방법이 이용된다. 하나는 표면에 고분자 가교만으로 치밀한 구조를 만들어 1가 이온보다 수화된 이온크기가 큰 다가 이온의 통과를 배제하는 것이다. 다른 하나는 표면에 약한 반대이온층을 만들어 상대적으로 전하가 큰 다가 이온을 배제하는 것이다. 양이온교환막은 음이온 기능기로 이루어졌지만 표면에 약한 양이온 기능기를 처리하면, 전기적 반발력이 큰 다가의 양이온 통과가 배제되는 원리이다. 이 방법들은 공통적으로 막의 제조비용과 전기적 저항을 증가시킨다. 그 외에 4장에 설명된 초고밀도 폴리에틸렌(2-6×10^6 Da) 같은 박막의 지지체에 전자빔이나 감마선을 조사하여 고분자 골격을 활성화한 후 이온교환기를 부착하는 그래프팅 방법은 저항이 낮은 막을 제조할 수 있는 방법으로 알려져 있다. 다만 두께가 매우 얇아 물에 젖으면 이온교환막의 기계적인 강도가 떨어지는 단점이 있다. 해수와 담수를 이용한 역전기투석은 Na^+와 Cl^- 이온에 의한 농도 차에 의해 발전이 되므로 일가선택성으로도 운전이 가능하지만 표면층에 의한 저항이 증가한다. 따라서 다가 이온을 배제할 필요가 있는 스택 구조에 한해서 사용할 수 있다.

역전기투석에서 바이폴라막의 응용

역전기투석의 운전에서 이온교환막의 오염뿐만 아니라, 전극의 오염도 발생한다. 특히 해수의 Ca^{2+}, Mg^{2+} 이온에 의한 음극cathode의 오염은 빠른 속도로 진행된다. 이러한 음극의 오염을 방지하기 위해 음극에 바이폴라막을 접촉시켜 Ca^{2+}, Mg^{2+} 이온을 배제할 수 있다[28]. Y. Sun 등은 sulfonated poly(ether sulfone) 층(PES-SO$_3$H)과 imidazolium poly (ether sulfone) 층(PES-OHIm) 층으로 구성된 바이폴라막을 상전이법과 스핀코팅으로 제조하였다. 이 막을 희석비 50의 2실 셀에서 6.2 W/m^{2}의 높은 전력밀도를 얻었다[29]. 이 결과는 스택 구조에서 확인할 필요가 있다.

8.2.3 역전기투석 스택 구성

전기투석과 역전기투석의 운전에서 가장 큰 차이점은 유속의 차이다. 전기투석에서는 농도분극과 막오염을 방지하기 위해 비교적 빠른 속도로 용액을 흘려보내지만 역전기투석에서는 에너지 비용을 줄이기 위해 최소의 유속을 유지하게 된다. 따라서 역전기투석에서 멤브레인과 개스킷의 기본적인 구조는 전기투석과 같지만 낮은 유속에서 낮은 전기저항으로 운전하기 위해 막의 간격을 0.5 mm 이하로 제작한다. 막의 간격을 60~

500 μm 범위에서 변화시키면서 조사한 결과에 의하면 2 cm^3/s 유량일 때 100 μm 간격에서 최대 2 W/m^{2}의 전력밀도를 보였다. 60 μm 간격에서 가압조건으로 유량을 0.42 cm^3/s까지 증가시키면 최대 4 W/m^{2}의 전력밀도를 얻을 수 있었다[30]. 이 결과는 막의 간격이 생산되는 전력밀도에 크게 영향을 미치는 것을 알 수 있다. 또한 유로 내부에 난류를 만들기 위해 흐름을 분산시킨다. 멤브레인은 양이온교환막과 음이온교환막이 교대로 배열되고 셀의 수가 많아질수록 전위차가 높아지지만 비례하여 내부저항이 증가하므로 최적의 멤브레인 수가 결정되어야 한다.

산화환원쌍의 전극반응

산화환원쌍이 없는 역전기투석의 스택은 전극액의 저항이 높고, 산화환원반응에서 H$_2$와 Cl$_2$ 기체가 발생하여 에너지 손실을 수반한다. 이러한 단점을 보완하기 위해 전극액에 산화환원쌍을 도입한다. Fig. 8.6은 역전기투석에서 산화환원쌍에 의해 일어나는 에너지 전달기작을 보여준다. 산화환원쌍의 선택은 기본적으로 전극반응의 전위를 고려하여 선정한다. 그리고 수계에서 이용할 수 있는 안전성과 비용에 대한 고려가 필요하다. 안전성에는 장치의 부식, 오염, 독성 등이 고려할 요소들이다. 일반적으로 많이 쓰이고 있는 산화환원반응은 Fe^{2+}와 Fe^{3+} 간의 반응이다. 이 외에도 Cu, AgCl, Zn 같은 가역적인 전극, Pt 같은 비용해성 전극과 산성용액을 이용하여 H$_2$와 O$_2$ 기체를 발생시키는 방법도 있다[31]. 양극액과 음극액을 혼합한 후 재순환할 때는 두 전극 사이에 전류가 누전되지 않도록 유체의 흐름이 이어지지 않아야 한다. 이러한 장치와 운전의 비용을 고려하여 산화환원쌍이 없는 스택을 선택하기도 한다.

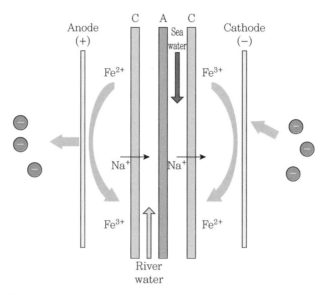

Fig. 8.6 Electrode reactions of a redox couple

전극의 재료와 구조

표면적이 넓은 전극이 유리하기 때문에 6장의 CDI 공정에 적용된 탄소 펠트, 그래파이트, 망상형 유리화 탄소reticulated vitreous carbon, RVC 등의 표면적이 큰 다공성 탄소 전극이 이용된다. 이때 탄소전극은 친수성 처리가 필요하다. Fig. 8.7(a)와 같이 순환전압전류 곡선에서 전극물질의 흡착 전하량과 가역성을 비교할 수 있다.

전류가 생성되기 시작하면 막을 통하여 Faraday 법칙에 의해 전류에 상당하는 이온이 막을 통과하게 된다. 양이온교환막과 음이온교환막을 통과한 Na^+와 Cl^- 이온은 저농도 염수에서 혼합된다. 전극 간의 외부 회로가 단절되었거나open circuit 높은 저항으로 연결되어 있으면 평형상태에 가까운 전압OCV을 보인다. 외부 저항이 낮아지면 전류가 증가하고 전압이 감소하게 된다. 이때 생산되는 전력도 증가하게 된다. 전력은 최댓값을 보인 후 전류가 더 증가하면 전압의 감소에 따라 감소하게 된다.

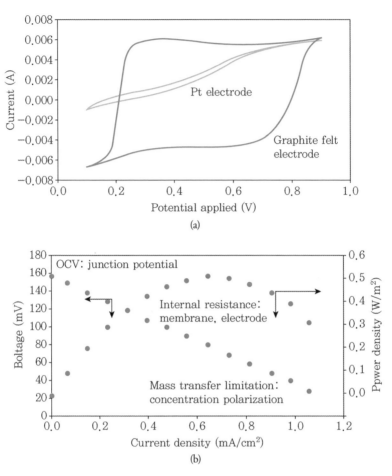

Fig. 8.7 (a) Cyclic voltammogram of graphite electrode, (b) its RED performance in a single cell

8.2.4 역전기투석의 운전

유입수 흐름과 농도 분극

역전기투석은 일반적인 전기 생산 공정에 소모되는 연료와 같은 해수가 무한정하게 공급되기 때문에 화학적 원료의 소모가 없다. 대신 Galvanic 셀에 비하여 발생되는 전류가 낮기 때문에 부수적으로 소모되는 에너지를 최소화해야 한다. 역전기투석 공정에서 소모되는 가장 큰 에너지 소모는 스택 내부에 흐르는 유체의 압력 강하에 의해 발생한다. 이 유체의 흐름은 수두에 의한 자연적 흐름이나 최소한의 유량으로 운전할 수 있다. 따라서 유입되는 고농도 염이 저농도염으로 이동하는 효율보다 유체흐름 에너지의 관리가 더 중요한 문제가 된다. 성능 곡선에서 언급된 전류밀도가 높아지면 이온의 통과속도가 빨라지고 멤브레인의 계면에서 확산 경계층이 생긴다. 유속이 낮으면 이 확산 경계층의 두께가 두꺼워져 한계전류밀도에 이른다. 결국 유속의 결정은 한계전류밀도에 이르기 전 농도분극을 최소화할 수 있는 영역에서 이루어진다. 만일 공정 운전상의 문제로 고농도 염수와 저농도 염수 간에 압력차가 발생한다면 막을 통한 물의 확산이나 막의 파열이 일어난다.

해수와 담수의 희석비

막의 전위차는 해수에 의한 고농도 염수와 담수를 희석한 저농도 염수의 비해 의해 결정된다. Nernst 식에 의하면 농도차가 1:10일 때 한 쌍의 이온교환막에서 발생하는 전위차는 118 mV, 1:50일 때 200 mV가 된다. 해수를 저농도로 희석하면 전기전도도가 감소하게 되고 용액의 전기저항이 증가하게 된다. 일반적으로 10~50의 희석비를 이용하게 된다.

$$\frac{\alpha_{Na^+}^{\alpha}}{\alpha_{Na^+}^{\beta}} = 10 \quad \phi^{CEM} = 59 \text{ mV}$$

$$\frac{\alpha_{Na^+}^{\alpha}}{\alpha_{Na^+}^{\beta}} = 50 \quad \phi^{CEM} = 100 \text{ mV}$$

역전기투석에서 생산되는 에너지밀도를 높이기 위해서는 이온의 전달이 용이한 저저항 막이 개발되어야 하고, 낮은 유속에서도 농도분극을 최소화할 수 있는 스택이나 멤브레인 구조를 가져야한다.

8.3 수전해에 의한 수소 생산

8.3.1 수소 생산

수소는 연소 과정에서 오염물질이 발생하지 않는 청정 에너지원이며, 연소열heating value은 120~142 MJ/kg이다. 안전장치를 포함한 고압용기에 의한 저장기술도 단순하다. 전통적인 수소 생산은 정유 공정에서 발생하는 부생가스를 포집하여 공급하는 방식이었다. 그 외 메탄가스, 저분자 알콜 등 탄화수소의 개질reforming반응이나 원자력에너지를 이용한 고온 열분해로 수소를 생산하는 방식도 있다. 최근에는 전기에너지를 이용한 수전해에서 수소를 생산하는 방식이 수소자동차의 연료 공급장치 등 중소 규모로 보급되고 있다. 특히 태양광이나 풍력발전에서 생산되는 전력을 2차전지를 이용한 저장방식 대신, 수소 저장방식이 고려되고 있다. 따라서 2차 에너지원으로 수소 생산이 새로운 에너지전환기술로 떠오르고 있다.

물을 분해하여 수소 기체와 산소 기체를 만든다는 점에서 수소연료전지 내 화학반응의 역반응이 시스템 내에서 일어나며 구성 요소가 연료전지와 비슷한 특징들이 있다. 수전해 기술은 크게 수소이온전해질막 수전해proton exchange membrane water electrolysis, PEM-WE와 알칼라인 수전해alkaline WE가 있고 고온에서 작동하는 고온 수증기 수전해로 구분될 수 있다. 수전해에서 사용되는 막전극 집합체membrane electrode assembly는 이온교환막-촉매-전극물질로 구성되어 있다[32]. 수전해 공정은 연료전지와 비슷한 환경에서 구동이 되기 때문에 수전해용 막은 연료전지용 막과 비슷한 특성을 가지고 있다. 다만, 생산되는 가스의 순도를 높이기 위해 막의 두께는 연료전지용 막보다 두꺼울 필요가 있다. 최근 수전해와 연료전지를 한 장치에 구동하는 가역적인 에너지전환장치도 개발되고 있다[33].

8.3.2 양이온교환막 수전해

PEM−WE proton exchange membrane water electrolysis는 양이온교환막을 분리막으로 사용하고 수소이온이 전하전달 물질이 되어 수전해반응을 진행한다. 전극 표면에서 전하 운반체가 전자에서 이온으로 바뀌는 과정에서 전극 주위의 전해질에서는 산화와 환원의 화학반응이 일어나게 된다. 표준상태에서 순수한 물의 전기분해 시 양극과 음극에서는 다음과 같은 전기화학반응이 일어나게 된다.

- 양극(산화전극): $2H_2O(l) \rightarrow 4H^+(aq) + O_2(g) + 4e^-$

$$E_{ox}^o = -\frac{\Delta G_{ox}^o}{nF} = -1.23 \text{ V}$$

- 음극(환원전극): $2H^+(aq) + 2e^- \rightarrow H_2(g)$

$$E_{red}^o = -\frac{\Delta G_{red}^0}{nF} = 0.00 \text{ V}$$

- 전체 반응식: $2H_2O \rightarrow 2H_2(g) + O_2(g)$

$$E_{cell}^o = E_{ox}^o - E_{red}^o = -1.23 \text{ V}$$

구체적인 반응 단계를 보면, PEM−WE의 산화 극에서 물이 분해되어 전자와 수소이온, 그리고 산소가스가 발생하고 환원극에서 수소이온이 전자를 받아 수소가스로 환원되는 반응이 일어난다. 이 구동 원리는 Fig. 8.8에 표시되어 있다. PEM−WE는 1973년 General Electric에 의해 처

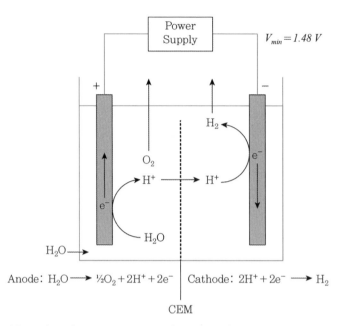

Fig. 8.8 Water electrolysis using a cation exchange membrane

음 고안되어 그 연구가 꾸준히 진행되다 최근 10년간 그 수요가 급격히 증가되었다[32]. PEM-WE는 높은 전류 밀도와 전류 효율을 가지고 있고, 시스템 반응이 빠르며 막에 대한 가스 투과도가 낮아 생산되는 가스의 순도가 높다는 장점을 가지고 있다. 반대로 고가의 금속 촉매^{백금 및 이리듐} 사용으로 비용이 많이 들며 산성 용액에서의 구동 조건으로 인한 부식이 쉽다는 단점이 있다. Nafion®을 분리막으로 사용한 수전해에서 양 전극에 각각 촉매를 사용하지 않았을 때 수소와 산소 기체의 순도가 전류 밀도가 증가함에 따라 떨어지지만, 촉매를 사용했을 때는 전류 밀도에 관계없이 거의 100%를 유지하였다[34]. 또한 Nafion®을 이용했을 때 작동 압력을 높이게 되면 그 수소 가스의 생산 순도가 100%(0 bar)에서 97%(130 bar)까지 떨어진다[35]. 그 외에 탄화수소 계열을 기반으로 양이온교환막을 사용한 수전해에 대한 연구는 활발히 진행되고 있지 않다. 일반적으로 다른 에너지 공정에서와 같이 낮은 비용과 낮은 가스투과도와 같은 성능이 확인될 때 공정에 적용될 것으로 보인다.

8.3.3 알칼라인 수전해

알칼라인 수전해에서는 음이온교환막 또는 전하가 없는 격막이 분리막으로 사용되는데, 수산화 이온이 전하전달물질로 음이온교환막을 통과하며 공정이 실행된다. 일반적으로 전해질로는 수산화칼륨이 사용된다. 알칼라인 수전해의 환원전극에서는 물이 분해되어 수산화 이온과 수소기체가 생성되며, 산화 극에서는 수산화이온이 산화되면서 물과 산소기체를 생성하게 된다. 이 과정은 Fig. 8.9에서 확인할 수 있다. 알칼라인 수전해는 비싼 금속 촉매를 사용하지 않아도 되기 때문에 비용이 적게 들고 장시간 운전에 유리하다는 장점이 있지만, 전류 밀도가 낮아 스택을

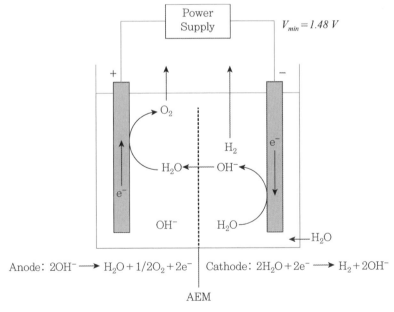

Fig. 8.9 Water electrolysis using an anion exchange membrane

크게 만들어야 하고 기체 투과도가 높아 생산되는 기체의 순도가 낮다는 단점이 있다. 현재 알칼라인 수전해는 상용막을 이용해 시스템을 효과적으로 구동하는 연구가 진행 중에 있다.

수전해 공정에 이용되는 멤브레인

수전해 공정에 이용되는 이온교환막의 내구성은 분자 내 가장 약한 결합인 주 골격과 작용기 사이의 결합의 내구성으로 결정된다. 따라서 양이온교환막은 최대 10 M의 산에서, 음이온교환막의 경우 상온에서 8 M의 염기를 견딜 수 있는 막이 선정되어야 한다. 균질막은 전기화학적 물성이 뛰어나지만 시스템에서의 화학적 안정성이 떨어진다. 반대로 비균질막의 경우 상대적으로 전기화학적 물성이 낮지만 고분자 바인더의 역할로 내구성이 좋은 장점이 있다. 비균질막은 높은 전기저항으로 에너지 소모가 큰 단점이 있다. 불안정한 MEA에서 금속이온이 용출되는 경우에는 금속이온이 양이온교환막을 쉽게 오염시킨다.

Nafion®은 수전해에서 좋은 효율과 내구성을 보이지만, 구동 조건이 80°C 이하로 제한되었고 높은 가격으로 인한 제조원가 상승 요인이 있다. PBI 계열의 막은 100°C 이상의 조건에서 좋은 열적 화학적 안정성을 보인다. 인산phosphoric acid, PA을 도핑한 형태로 사용하는 PBI/PA 막의 경우 뛰어난 전도도를 보이지만 도핑 처리 시간과 온도 조건에 크게 영향을 받는다. Sulfonated poly(ether ether ketone)SPEEK 계열의 막은 효율이 낮지만, 가격이 낮고 가스에 대한 낮은 투과도를 보이는 장점이 있다. 기타 수전해 공정에 시도되는 막으로는 저밀도 폴리에틸렌에 Benzylvinylchloride와 1,4-diazabicyclo(2.2.2)octane(DABCO)을 그래프팅해 만든 막이 있다[36]. 그 외에도 알칼린 수전해를 위해 음이온교환수지를 이용한 비균질막이나 KOH를 도핑한 막이 시도되고 있다.

8.3.4 클로르알칼리 공정에서 부산되는 수소

해수에서 Cl_2와 NaOH를 생산하는 전통적인 클로로알칼리 공정에서 수소가 부산될 수 있다. 클로르알칼리 공정은 NaCl이나 KCl을 염소, 수소, NaOH 또는 KOH를 생산하는 대표적인 무기화학 공정이다. 클로르알칼리 공정은 수은 전해법으로 시작되었다. 화학적으로 안정한 이온교환막이 제조되고 수은의 무역 규제가 강화되면서 수은 전해법은 이온교환막 공정으로 전환되고 있다. Fig. 8.10에서 NaCl을 원료로 염소와 NaOH를 생산하고 수소가 음극에서 발생하는 공정도이다. 이 공정에서 부산되는 수소는 수전해 공정에서 생산되는 수소에 비해 순도가 떨어진다. 이 공정에서는 생산되는 NaOH의 순도를 유지하기 위해 불소계 양이온교환막을 이용한다. 술폰산과 카복실 불소계양이온교환층이 결합된 복합막 형태로 이용되기도 한다[37].

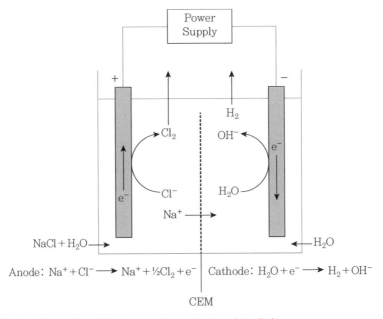

Fig. 8.10 Generation of hydrogen as byproduct in a chloralkali process

8.4 산염기 흐름전지

8.4.1 산염기 흐름전지의 작동 원리

산과 염기가 중화될 때 발생하는 에너지 공정에 이온교환막을 이용하면 열에너지 대신 전기에너지를 생산할 수 있다. 이 공정을 레독스 흐름전지와 같이 산염기 흐름전지acid base junction flow battery, ABJFB로 부른다. 산염기 흐름전지는 산과 염기 전해질의 반응을 이용하여 즉각적인 에너지이용이 가능할 뿐만 아니라 소모된 산과 염기를 재생산함으로써 충전과 방전을 반복적으로 지속할 수 있다. 산염기 흐름전지에서는 양이온교환막, 음이온교환막과 바이폴라막이 동시에 사용되며 주요한 반응인 산과 염기 전해질의 소모로 인한 전기 발생과 전해질의 재생산은 산염기 흐름전지에 포함된 바이폴라막의 기능이다.

Fig. 8.11의 바이폴라막은 양이온교환막과 음이온교환막이 접합되어 있는 샌드위치 형태로 구성되어 있다. 이러한 독특한 구조 때문에 양이온층과 음이온 층의 계면인 경계층에서는 물이 외부의 전기장하에서 산과 염기로 변환되는 물분해현상이 발생하게 된다. 이와는 반대로 산과 염기가 많이 존재할 경우에는 양이온 층과 음이온 층을 통과한 수소이온과 수산화이온이 물을 생성하면서 막전위junction potential로 표시되는 결합 에너지를 발생시킨다. 산염기 흐름전지의 경우 바이폴라막 내의 산과 염기의 중화 에너지와 물분해로 인하여 충·방전이 가능하고 초기 도입된 용액 또한 산과 염기 전해질의 화학적 에너지를 즉시 사용할 수 있다는 이점이 있다. 또한 여러 공정에서 발생한 폐산과 폐염기를 에너지원으로 사용할 수 있으며, 에너지 저장 매체인 산과 염기는 산업시장에서 저렴하게 구할 수 있다는 장점이 있다. 또한 에너지를 발생시키는 산과 염기의 반응은 순수한 물만 생성한다는 점에서 매우 환경 친화적인 에너지 시스템이라

고 할 수 있다. 이러한 산염기 흐름전지의 구조는 Walther에 의해 처음 제안되었으며 운송용 자동차, 열차, 등에 다양한 수송 장치에 이용이 가능할 것으로 보인다[39].

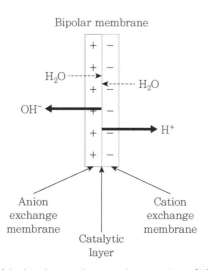

Fig. 8.11 Structure of the bipolar membrane and water splitting[38]

Fig. 8.12(a)는 단일 셀에서 방전 시 구동기작을 보여준다. 구동 초기에 (3)과 (4)에 공급된 산과 염기는 바이폴라막의 양이온층과 음이온층으로 각각 투과된 후 반응하여 결합에너지를 생성한다. (1)과 (5)에서는 레독스 전극액이 순환하여 전자 전달을 용이하게 하며 (2)에는 음이온교환막이 위치하여 산의 투과를 막는 역할을 한다. 이와 반대로 방전 시에는 Fig. 8. 12(b)에서처럼 외부에서 주입된 전기에너지를 통하여 물분해반응을 일으켜 산과 염기의 전해질을 재생성하게 된다. 이러한 산염기흐름전지의 구조는 역전기투석과 유사한 구조를 가지고 있기 때문에 형성된 셀의 총전압은 각 막에서 발생하는 이온의 농도 차와 함께 바이폴라막에서 발생하는 결합 전위의 합과 같다. 그중에서 전압의 상승효과나 에너지

를 발생시키는 가장 주요한 요인은 산과 염기의 전해질 농도와 이들의 결합 에너지이다. 산업용 공정에 대량의 전기 공급을 위해서는 다중 셀로 적층되어야 한다.

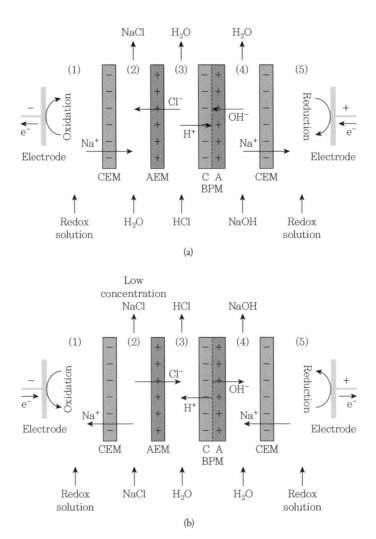

Fig. 8.12 Operation of the acid base junction flow battery in a single cell. (a) Discharge process, (b) Charge process(cation exchange membrane, CEM; anion exchange membrane, AEM; bipolar membrane, BPM)[38]

2차 전지로서 산염기 배터리에 대한 개념은 바이폴라막, 양이온교환막, 음이온교환막과 산화환원쌍으로 단일 셀을 이용하여 증명되었다[38]. 상용막(CMS, AM-1, BP-1과 CMX)을 기반으로 충전과 방전의 반복적인 싸이클 구동이 가능하였고 0.5 M 농도의 산과 염기의 전해질에서 약 1.15 mW cm^{-2}의 출력을 보였다. 그러나 고농도의 산과 염기의 전해질에서는 오히려 전력 밀도가 감소하였고 9 사이클 이후에는 급격한 효율 및 수명 저하가 관찰되었다. 이는 Fig. 8.12의 (5)에서 염기와 철이온의 침전반응으로 인한 레독스 반응의 저하와 함께 (2)에서의 수소이온 누출로 인한 산과 염기 농도의 평형 붕괴와 같은 문제가 발생하였기 때문이다. 이러한 문제를 해결하기 위해서는 전기투석용으로만 개발되어 이 시스템에서 적절하지 못한 상업용 바이폴라막을 개선할 필요가 있다. 이후에 몇 그룹에서 산염기 흐름전지에 대한 연구를 진행하고 있으나 전기투석용 상용막을 이용하고 있다. 따라서 산염기 흐름전지에 대한 성능 향상을 위해 새로운 바이폴라막에 대한 개발이 필수적이다.

8.4.2 바이폴라막의 필요 요건과 제조기술

산염기흐름전지에 필요한 바이폴라막과 기존 상용막과 차이점은 기존 상용막이 물분해를 위해 제조된 반면, 산염기흐름전지에서는 물분해와 방전단계에서 수소이온/수산이온 재결합이 반복적으로 일어난다는 것이다. 여기에 물분자, 수소이온, 수산이온의 확산속도가 1:3:2 정도로 크게 차이가 나서 충전단계와 방전단계의 멤브레인의 요구조건이 달라진다는 어려움이 있다. 기본적으로 바이폴라막은 양이온교환막과 음이온교환막이 접합되어 있는 형태이기 때문에 단일 막의 제조에 고려해야 할 사항이 많고 제조 과정이 복잡하다. 바이폴라막은 저항이 단일 막에 비해 매우 높아 이를 낮추는 막 개발이 요구된다. 또한 산 염기 흐름전지에서는 고농도의 산과 염기의 조건에서 운영이 이루어지기 때문에 화학적인 안정성이 고려되어야 하며 양이온교환막과 음이온교환막의 계면 사이에서 물분해 시 발생하는 팽창현상 때문에 일정수준의 기계적 강도가 요구된다. 또한 하나의 물분자로부터 동일한 비율로 발생하는 수소이온과 수산화이온 때문에 양이온교환막과 음이온교환막의 이온교환용량 차이가 없어야 한다. 이온교환용량 차이는 바이폴라막에서 결합 전위를 형성하지 못하게 할 수 있고 이로 인하여 전력 밀도를 감소시키기 때문이다.

　단순히 양이온교환막과 음이온교환막을 겹쳐 이용하는 바이폴라막에서는 계면 사이 접촉면이 완벽하게 형성되지 않을 뿐만이 아니라 양이온교환막과 음이온교환막 사이의 거리가 멀어 물이 분해될 때 큰 전기저항이 형성된다. 고분자 접착제를 사용하여 접촉 계면을 형성하면 접착제 자체가 가지는 높은 저항성으로 공정의 효율이 낮았다. 한편 접촉면의 형성과 물분해 시 발생하는 저항을 줄이기 위해 중간층에 철, 크롬 이온과 같은 무기금속 촉매를 도입하는 방법이 개발되었다. 현재 대표적인 상업용 바이폴라막인 BP-1ASTOM Co.의 경우 양이온교환막을 제조 후에 저농도의 철이온 용액을 표면에 함침시킨 후 한쪽 면은 세척, 건조를 진행하고 세척하지 않는 면에 음이온교환막의 고분자 용액을 캐스팅함으로써 막을 제조하였다. 이렇게 제조한 막은 양이온교환막과 음이온교환막 사이에 미량 존재하는 철이온에 의하여 물분해 성능이 크게 증가하는 결과를 보였다. 이 외에도 무기 금속 촉매로 크롬, 티타늄, 루비듐, 팔라듐 이온 등이 물분해반응의 활성화 에너지를 낮추어 결과적으로 계면에서 발생하는 전압강하를 줄인다[40].

　친수성 고분자를 양이온교환층과 음이온교환층의 계면에 미량 도입하여 계면저항을 줄이고 물분해 촉매반응을 촉진할 수 있다. 예로서 친수성이 강한 폴리에틸렌글리콜polyethylene glycol에 음이온교환막을 함침시킨 후 양이온교환막을 코팅하여 제조된 바이폴라막은 물분해성능을 개선하였다. 물 분자와 폴리에틸렌글리콜 사이에 수소 결합과 극성 상호 작용으로 인한 저항감소에 기인한다[41]. 친수성 고분자인 폴리비닐알코올polyvinyl alcohol을 촉매층으로 이용하는 바이폴라막도 유사한 방식으로 바이폴라막의 성능을 개선한다[42]. 이러한 친수성 고분자는 접촉저항을 줄이는 효과가 큰 반면, 전하를 띠지 않는 고분자이기 때문에 최적의 분자량이나 사용량이 있다.

이 외에도 바이폴라막의 성능 개선을 위해 박막으로 제조하는 방법이 있다. 이론적으로는 시스템 내에서 바이폴라막의 이온교환막 층을 통해 수소이온과 수산화이온만을 통과해야 한다. 그러나 실제 구동에서는 이러한 산 전해질 중 음이온과 염기 전해질 중 양이온이 바이폴라막을 통과하기도 하고 이는 산과 염기 생산의 순도를 저하시키는 결과를 가져온다(Fig. 8.13).

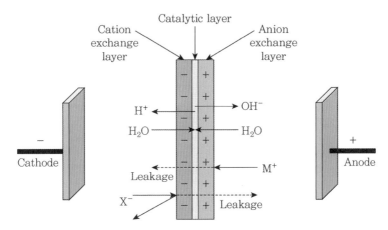

Fig. 8.13 Co-ion leakage phenomena in a bipolar membrane(X-: acidic anion, M+: basic cation)

이러한 문제점을 극복하기 위해 바이폴라막의 두께를 비대칭으로 제조하여 이온의 누출을 줄이고자 하였다. 비대칭막은 양이온교환막 층 혹은 음이온교환막 층의 두께를 상대 층에 비해 두껍게 제조함으로써 이온의 선택성이 증가되었으며, 그로 인해 이온의 누출이 적고 높은 순도의 산과 염기의 생산이 가능하다. 비슷한 조건의 상용화된 양이온교환막과 음이온교환막을 이용하여 각각의 두께에 따른 이온 누출을 조사한 결과 양이온교환층의 두께가 이온 누출에 더 많이 관여한다고 밝혀졌다[43]. 일반적으로 음이온교환 기능기의 물분해 촉매효과가 큰 것으로 알려져 있어 음이온교환층의 두께를 유지하되 전기장에 의해 이온전도도를 개선하고 양이온교환층을 박막층으로 형성한 비대칭 바이폴라막을 제조하였다[44]. 이 막을 산염기배터리에 적용한 결과 60 사이클 이상의 장기운전과 55%의 에너지효율이 가능하였다. 이 외에도, 계면 사이에 물이 고이는 현상을 막고 고전류에서의 구동을 위하여 계면을 단순히 적층하는 구조가 아닌 그물 구조로 제조하거나 전기방사를 이용한 적층 방식으로 막을 제조하여 바이폴라막의 효율을 증가시켜 산염기배터리의 실용화를 위한 연구도 진행되고 있다.

참고문헌

[1]   M. Skyllas-Kazacos, M. Rychick, R. Robins, All-vanadium redox battery, in, Google Patents, 1988.

[2]   A.Z. Weber, M.M. Mench, J.P. Meyers, P.N. Ross, J.T. Gostick, Q. Liu, Redox flow batteries: a review, Journal of Applied Electrochemistry, 41 (2011) 1137.

[3]   T. Wang, J.Y. Jeon, J. Han, J.H. Kim, C. Bae, S. Kim, Poly (terphenylene) anion exchange membranes with high conductivity and low vanadium permeability for vanadium redox flow batteries (VRFBs), Journal of Membrane Science, 598 (2020) 117665.

[4]   H. Cho, H.M. Krieg, J.A. Kerres, Performances of anion-exchange blend membranes on vanadium redox flow batteries, Membranes, 9 (2019) 31.

[5]   H. Prifti, A. Parasuraman, S. Winardi, T.M. Lim, M. Skyllas-Kazacos, Membranes for redox flow battery applications, Membranes, 2 (2012) 275-306.

[6]   L. Liu, C. Wang, Z. He, R. Das, B. Dong, X. Xie, Z. Guo, An overview of amphoteric ion exchange membranes for vanadium redox flow batteries, Journal of Materials Science & Technology, 69 (2021) 212-227.

[7]   Y. Lei, B. Zhang, B. Bai, X. Chen, T. Zhao, A transient model for vanadium redox flow batteries with bipolar membranes, Journal of Power Sources, 496 (2021) 229829.

[8]   J. Xi, Z. Wu, X. Qiu, L. Chen, Nafion/SiO$_2$ hybrid membrane for vanadium redox flow battery, Journal of Power Sources, 166 (2007) 531-536.

[9]   T. Mohammadi, M. Skyllas-Kazacos, Characterisation of novel composite membrane for redox flow battery applications, Journal of Membrane Science, 98 (1995) 77-87.

[10]   S. Yoon, E. Lee, S.J. Yoon, D.M. Yu, Y.J. Kim, Y.T. Hong, S. So, Geometry-Induced Asymmetric Vanadium-Ion Permeation of PVDF Membranes and Its Effect on the Performance of Vanadium Redox Flow Batteries, ACS Applied Energy Materials, (2021).

[11]   X. Luo, Z. Lu, J. Xi, Z. Wu, W. Zhu, L. Chen, X. Qiu, Influences of Permeation of Vanadium Ions through PVDF-g-PSSA Membranes on Performances of

Vanadium Redox Flow Batteries, The Journal of Physical Chemistry B, 109 (2005) 20310-20314.

[12] J. Huang, X. Dong, Z. Guo, Y. Wang, Progress of Organic Electrodes in Aqueous Electrolyte for Energy Storage and Conversion, Angewandte Chemie International Edition, 59 (2020) 18322-18333.

[13] P. Leung, T. Martin, Q. Xu, C. Flox, M.R. Mohamad, J. Palma, A. Rodchanarowan, X. Zhu, W.W. Xing, A.A. Shah, A new aqueous all-organic flow battery with high cell voltage in acidic electrolytes, Applied Energy, 282 (2021) 116058.

[14] L. Coury, Conductance Measurements Part 1: Theory, Current Separations, 18 (1999) 91-96.

[15] K. Gong, Q. Fang, S. Gu, S.F.Y. Li, Y. Yan, Nonaqueous redox-flow batteries: organic solvents, supporting electrolytes, and redox pairs, Energy & Environmental Science, 8 (2015) 3515-3530.

[16] S.-H. Shin, Y. Kim, S.-H. Yun, S. Maurya, S.-H. Moon, Influence of membrane structure on the operating current densities of non-aqueous redox flow batteries: Organic-inorganic composite membranes based on a semi-interpenetrating polymer network, Journal of Power Sources, 296 (2015) 245-254.

[17] Y. Li, J. Sniekers, J.C. Malaquias, C. Van Goethem, K. Binnemans, J. Fransaer, I.F.J. Vankelecom, Crosslinked anion exchange membranes prepared from poly (phenylene oxide) (PPO) for non-aqueous redox flow batteries, Journal of Power Sources, 378 (2018) 338-344.

[18] T.V. Sawant, C.S. Yim, T.J. Henry, D.M. Miller, J.R. McKone, Harnessing Interfacial Electron Transfer in Redox Flow Batteries, Joule (2020).

[19] M. AlShafi, Y. Bicer, Thermodynamic performance comparison of various energy storage systems from source-to-electricity for renewable energy resources, Energy, 219 (2021) 119626.

[20] Z. Pei, Z. Zhu, D. Sun, J. Cai, A. Mosallanezhad, M. Chen, G. Wang, Review of the I-/I3- redox chemistry in Zn-iodine redox flow batteries, Materials Research Bulletin, 141 (2021) 111347.

[21] S.S. Hosseiny, M. Saakes, M. Wessling, A polyelectrolyte membrane-based vanadium/air redox flow battery, Electrochemistry Communications, 13 (2011)

751-754.

[22] J. Charvát, P. Mazúr, M. Paidar, J. Pocedič, J. Vrána, J. Mrlík, J. Kosek, The role of ion exchange membrane in vanadium oxygen fuel cell, Journal of Membrane Science, 629 (2021) 119271.

[23] J. Jang, Y. Kang, J.-H. Han, K. Jang, C.-M. Kim, I.S. Kim, Developments and future prospects of reverse electrodialysis for salinity gradient power generation: Influence of ion exchange membranes and electrodes, Desalination, 491 (2020) 114540.

[24] J.G. Hong, B. Zhang, S. Glabman, N. Uzal, X. Dou, H. Zhang, X. Wei, Y. Chen, Potential ion exchange membranes and system performance in reverse electrodialysis for power generation: A review, Journal of Membrane Science, 486 (2015) 71-88.

[25] J.Y. Lee, J.H. Kim, J.H. Lee, S. Kim, S.H. Moon, Morphologically Aligned Cation-Exchange Membranes by a Pulsed Electric Field for Reverse Electrodialysis, Environmental Science & Technology, 49 (2015) 8872-8877.

[26] E. Güler, R. Elizen, D.A. Vermaas, M. Saakes, K. Nijmeijer, Performance- determining membrane properties in reverse electrodialysis, Journal of Membrane Science, 446 (2013) 266-276.

[27] S. Santoro, R.A. Tufa, A.H. Avci, E. Fontananova, G. Di Profio, E. Curcio, Fouling propensity in reverse electrodialysis operated with hypersaline brine, Energy, 228 (2021) 120563.

[28] J.-H. Han, N. Jeong, C.-S. Kim, K.S. Hwang, H. Kim, J.-Y. Nam, E. Jwa, S. Yang, J. Choi, Reverse electrodialysis (RED) using a bipolar membrane to suppress inorganic fouling around the cathode, Water Research, 166 (2019) 115078.

[29] Y. Sun, T. Dong, C. Lu, W. Xin, L. Yang, P. Liu, Y. Qian, Y. Zhao, X.-Y. Kong, L. Wen, L. Jiang, Tailoring A Poly (ether sulfone) Bipolar Membrane: Osmotic- Energy Generator with High Power Density, Angewandte Chemie International Edition, 59 (2020) 17423-17428.

[30] D.A. Vermaas, M. Saakes, K. Nijmeijer, Doubled power density from salinity gradients at reduced intermembrane distance, Environmental science & technology, 45 (2011) 7089-7095.

[31] J. Veerman, M. Saakes, S.J. Metz, G. Harmsen, Reverse electrodialysis: evaluation of suitable electrode systems, Journal of Applied Electrochemistry, 40 (2010) 1461-1474.

[32] M. Carmo, D.L. Fritz, J. Mergel, D. Stolten, A comprehensive review on PEM water electrolysis, International Journal of Hydrogen Energy, 38 (2013) 4901-4934.

[33] L. Peng, Z. Wei, Catalyst Engineering for Electrochemical Energy Conversion from Water to Water: Water Electrolysis and the Hydrogen Fuel Cell, Engineering, 6 (2020) 653-679.

[34] H. Ito, T. Maeda, A. Nakano, H. Takenaka, Properties of Nafion membranes under PEM water electrolysis conditions, International Journal of Hydrogen Energy, 36 (2011) 10527-10540.

[35] S.A. Grigoriev, P. Millet, S.V. Korobtsev, V.I. Porembskiy, M. Pepic, C. Etievant, C. Puyenchet, V.N. Fateev, Hydrogen safety aspects related to high-pressure polymer electrolyte membrane water electrolysis, International Journal of Hydrogen Energy, 34 (2009) 5986-5991.

[36] M. Faraj, M. Boccia, H. Miller, F. Martini, S. Borsacchi, M. Geppi, A. Pucci, New LDPE based anion-exchange membranes for alkaline solid polymeric electrolyte water electrolysis, International Journal of Hydrogen Energy, 37 (2012) 14992-15002.

[37] K. Li, Q. Fan, H. Chuai, H. Liu, S. Zhang, X. Ma, Revisiting Chlor-Alkali Electrolyzers: from Materials to Devices, Transactions of Tianjin University, (2021) 1-15.

[38] J.-H. Kim, J.-H. Lee, S. Maurya, S.-H. Shin, J.-Y. Lee, I.S. Chang, S.-H. Moon, Proof-of-concept experiments of an acid-base junction flow battery by reverse bipolar electrodialysis for an energy conversion system, Electrochemistry Communications, 72 (2016) 157-161.

[39] J.F. Walther, Process for production of electrical energy from the neutralization of acid and base in a bipolar membrane cell, in, US Patent 4,311,771, (1982).

[40] F. Hanada, K. Hirayama, N. Ohmura, S. Tanaka, Bipolar membrane and method for its production, in, Google Patents, 1993.

[41] R. Fu, T. Xu, G. Wang, W. Yang, Z. Pan, PEG-catalytic water splitting in the interface of a bipolar membrane, Journal of Colloid and Interface Science, 263 (2003) 386-390.

[42] R.Q. Fu, Y.H. Xue, T.W. Xu, W.H. Yang, Fundamental studies on the intermediate layer of a bipolar membrane part IV. Effect of polyvinyl alcohol (PVA) on water dissociation at the interface of a bipolar membrane, J Colloid Interface Sci, 285 (2005) 281-287.

[43] J. Balster, R. Sumbharaju, S. Srikantharajah, I. Pünt, D.F. Stamatialis, V. Jordan, M. Wessling, Asymmetric bipolar membrane: A tool to improve product purity, Journal of Membrane Science, 287 (2007) 246-256.

[44] J.-H. Kim, I.S. Chang, S.-H. Moon, High performance acid base junction flow battery using an asymmetric bipolar membrane with ion-channel aligned anion exchange layer, Journal of Materials Chemistry A , 9 (2021) 7955-7966.

찾아보기

저자 소개

문승현

서울대학교 화학공학과와 동 대학원에서 학사와 석사학위를 받았고 이후 한국 과학기술연구원KIST 화공부에서 근무하였다. 1990년 일리노이 공과대학Illinois Institute of Technology에서 화학공학 박사학위를 받았다.

1991년부터 아르곤국립연구소Argonne National Laboratory 에너지시스템부Energy Systems Division에서 근무하다, 1994년 광주과학기술원GIST 지구환경공학부로 옮겨 현재 까지 교수로 재직 중이다. 한국연구재단 국책연구본부 에너지환경단장과 제7대 광주과학기술원 총장을 역임하였다. 2012년부터 한국과학기술한림원KAST 공 학부 정회원으로 활동 중이며, 주요 연구 분야는 이온교환막의 제조와 에너지 및 수처리 공정 적용이다.

친환경 수처리와 신재생 에너지를 위한

이온교환막의 전기화학 공정

초 판 인 쇄	2021년 10월 18일
초 판 발 행	2021년 10월 25일
초 판 2 쇄	2023년 3월 10일

저　　　　자	문승현
발　행　인	김기선
발　행　처	GIST PRESS

등 록 번 호	제2013-000021호
주　　　　소	광주광역시 북구 첨단과기로 123(오룡동)
대 표 전 화	062-715-2960
팩 스 번 호	062-715-2069
홈 페 이 지	https://press.gist.ac.kr/
인쇄 및 보급처	도서출판 씨아이알(Tel. 02-2275-8603)

I S B N	979-11-90961-09-7 (93530)
정　　　　가	18,000원